犬猫中医入门
——附针灸按摩图谱

**A Guide to TCVM for Cats and Dogs
With Acupuncture and Massage Atlas**

何静荣　著

中国农业大学出版社
·北京·

内容简介

本书共分六章，第一章中兽医基础理论部分，作者本着取其精华的精神，大胆地浓缩了中兽医基础理论，以利初学者理解和运用，同时给读者展示了临床拍照的一些较为典型的口色照片，以求突出中兽医的舌诊特色。

第二章至第五章分别介绍了毫针疗法、水针疗法、氦氖激光疗法和按摩疗法的特点和适应症，这四种疗法虽不相同，但在传统中医脏腑经络学说思想的指导下，在治疗病症时可一法或数法并用，灵活变通以发挥互补作用。当今很多犬猫已步入老龄化，而按摩疗法是犬猫主人为它们在家中配合其他治疗而做保健按摩，以加强调动它们自我康复能力。按摩疗法是一种自然疗法。

第六章以传统汤剂治疗某些病症为例，说明中兽医理法方药的辨证论治思想和方法。书中还精选了最常用、又易掌控的 34 个穴位，基本上能应对常见病的治疗。对俞穴的定位，由于我国还没有统一的定穴标准，故有些穴位是作者的习惯定穴，仅供参考。

图书在版编目（CIP）数据

犬猫中医入门：附针灸按摩图谱 / 何静荣主编 . — 北京：中国农业大学出版社，2014. 5
ISBN 978-7-5655-0962-9

Ⅰ . ①犬… Ⅱ . ①何… Ⅲ . ①犬病 – 针灸疗法②猫病 – 针灸疗法③犬病 – 按摩疗法（中医）④猫病 – 按摩疗法（中医） Ⅳ . ① S853.6

中国版本图书馆 CIP 数据核字 (2014) 第 087802 号

书　　名	犬猫中医入门——附针灸按摩图谱
作　　者	何静荣　著

责任编辑　张秀环
封面设计　北农阳光
出版发行　中国农业大学出版社
社　　址　北京市海淀区圆明园西路 2 号　　　邮政编码　100193
电　　话　发行部 010-62818525，8625　　　读者服务部　010-62732336
　　　　　编辑部 010-62732617，2618　　　出　版　部　010-62733440
网　　址　http://www.cau.edu.cn/caup　　　e-mail　cbsszs@cau.edu.cn
经　　销　新华书店
印　　刷　北京博海升彩色印刷有限公司
版　　次　2014 年 5 月第 1 版　　2014 年 5 月第 1 次印刷
规　　格　787 × 1092　16 开本　9.25 印张　231 千字
定　　价　98.00 元

前　言

　　本书从中兽医基础理论开篇，结合中兽医的方方面面阐明中兽医诊治犬猫疾病的中医精髓所在。

　　作者通过多年积累的临床案例，对已出版的《犬猫针灸与按摩》、《宠物按摩》两本书进行了反思、梳理和补充。犬猫疾病虽不及人类疾病复杂，但还是难病成林，因此更需中、西医结合，以求提高疗效，给小动物们带来福祉。

　　中医博大精深，作者通过医案，畅谈自己的心得体会、失败与教训，以此和同仁们沟通互惠，也使喜爱中兽医的读者对中兽医学思想有初步认识。

　　本书所用图片是作者在临床拍照的千余幅照片中选出，有助于诠释每章节的内容，本书精选大量医案，供广大读者参考。书中引用了很多学者的实践成果以佐证临床疗效，作者特此说明并致以感谢。

　　在撰写过程中，得到台湾中兴大学李卫民教授和中国农业大学匡宇教授以及刘钟杰教授的友谊相助及热爱中兽医同仁们的鼓励，在此一并表示衷心感谢。绘画由何墨荣、祖国红及作者本人完成。限于本人才学浅疏，书中难免有不妥之处，敬请同行们指正。

　　希望此书出版后，在中兽医这门学科的传承和发展中，起到抛砖引玉的作用。

作者

2014 年 5 月

目　录

中兽医学基础理论
Theories of Traditional Chinese Veterinary Medicine

世界卫生组织把各民族古老的医学称为"传统医学"或"民族医学"。

人们把中华民族的传统医学称"中医学"。中医学历经漫长的时间,在数千年的经验总结中逐渐形成了独特的理论体系。

远古农耕时代,随着畜牧业的发展,人们开始了兽病的治疗。兽病防治的理论与中医学同根同源,兽医在防治畜病的实践中,建立了以针灸和中药为主的治疗手段、理法方药一体的医疗体系——中兽医学。

一、阴阳平衡论

何谓阴阳,阴阳的属性最初是古人从长期生活中观察而总结出来的。

以太阳的向背为准,向着太阳为阳,背着太阳为阴。古人从生活实践中来理解阴阳,从而认为(图1-1):

阳:温热的、运动的、明亮的、积极的、向上的。

阴:寒冷的、安静的、黑暗的、消极的、向下的。

图1-1　阴阳示意图

人们随着对大自然的观察如：天与地、日与月、昼与夜……对这些相互联系又相互对立的现象逐渐形成了原始而朴素的阴阳观。

（一）中医学认为动物对于大宇宙来说是个小宇宙，因此其本身自成系统，于是阴阳被引用到医学领域中，成为中医诊疗疾病的基础思维体系之一。

引申其中含义，从动物体表来看，犬猫的体表及四肢外侧为阳（图 1-2），因此在体表运行的经脉称阳脉（图 1-3a）。依部位而论，头在上故为阳中之阳，头为阳脉聚散之地；相对犬猫的腹部及四肢内侧为阴，在腹部和四肢内侧运行的经脉则称阴脉（图 1-3b）。

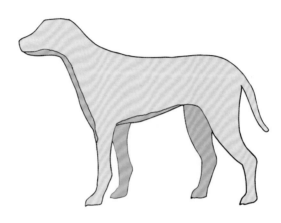

图 1-2　犬体的阴阳示意图

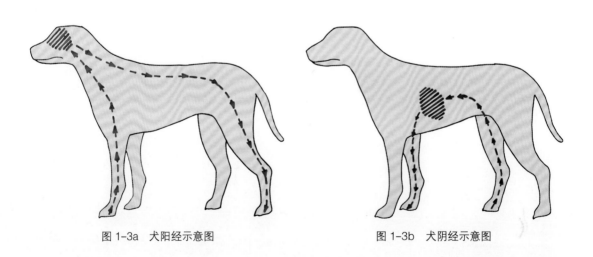

图 1-3a　犬阳经示意图　　　　　　图 1-3b　犬阴经示意图

从内脏来看，功能的，即运动的为阳，中医理论称之为气，如心的功能活动为心气，因心的运动而带来体温，有温煦作用从这方面来说又有心阳之说，又如肾气指肾的功能活动，属阳。

反之物质的属阴，如心之血相对地静止则属阴，其心血有濡养作用，故常用阴血来表示；又如肾精，指肾主生殖，其精繁育后代，属阴。

阳：热、火、功能的（气、心气、肾气……）。

阴：寒、水、物质的（血、心血、肾精……）。

总之，中医学认为动物体的组织结构、生理功能及疾病的发生发展等一切变化超不出阴阳范畴。

（二）用简例说明阴、阳的关系

例1

以动物的精神活动为例，如兴奋、抑制；兴奋为阳，抑制为阴，二者相互制约维持动物身体的正常生理状态。

例2

依整体观而论，动物体所有器官及其组织功能活动（阳）的产生，必须消耗一定的营养物质（阴），从阴阳转化来看，这是"阴消阳长"的过程，而各种营养物质（阴）的化生又必然由功能活动（阳）完成，这就是"阳消阴长"的转化。

以上简例说明阴阳相互对立、相互制约、相互转化、互根互用、消长平衡的关系，机体的生命活动超越不出阴阳，阴阳成为生命的基础。

（三）用阴阳诠释动物体的生理病理变化

1.健康态：即阴阳平衡，正如《素问·生气通天论》中说："阴平阳秘，精神乃治"。可理解为阴精守于内，阳气固密于外，不受外因侵扰而呈现健康态。

2.死亡：即阴阳离决，正如《素问·生气通天论》中说："阴阳离决，精气乃绝"。

3.疾病：阴阳偏胜偏衰出现疾病（图1-4）。

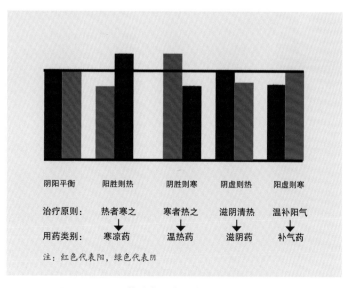

图1-4 阴阳学说诠释动物体的生理病理变化

二、五行生克制化论

五行的来由及含义

五行指宇宙自然界五种基本物质,即木、火、土、金、水这五种具体的物质,五行由五材而来(图1-5)。如《尚书·大传》一书所说:"水火者,百姓之所饮食也;金木者,百姓之所兴作也;土者,万物之所资生也,是为人用。"人们认识到生活离不开这五种材质。

后来古人观察木、火、土、金、水这五种物质是在不断运转和变化中,于是五材衍化成五行,行,即运动的意思,同时逐渐用这种物质的互相关系进行抽象演绎,来证明物质世界的运动变化。如《国语·郑语》说:"故先王以土与金木水火杂,以成百物。"

图 1-5　五材示意图

(一)五行相生

依据大自然的四季,每个属性都相应一个季节,春天为木所主,夏天为火所主,长夏(夏天之季月称长夏)为土所主,秋天为金所主,冬天为水所主。依四季气候变迁而相生(滋生)(图1-6a)。

即:春 → 夏 →长夏→ 秋 → 冬 → 春

　　木 → 火 → 土 →金 →水 → 木

(二)五行相克

相克为互相制约之意,古人依据所看到的自然现象而总结出来的。即:木克土、土克水、水克火、火克金、金克木。见相克示意图(图1-6b)。

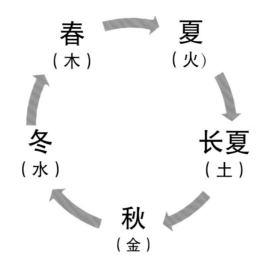

图 1-6a　五行相生示意图

土得木而达
<木克土>

水得土而绝
<土克水>

水得火而灭
<水克火>

木得金而伐
<金克木>

金得火而缺
<火克金>

图 1-6b　五行相克示意图

在五行生克中，有生我者，也有克我者，如此保持事物的平衡，即：五行互相滋生，而又相互制约，正如《类经图翼》指出"造化之机，不可无生，亦不可无制。无生则发育无由，无制则亢而为害。"相生相克示意图，见图1-7。

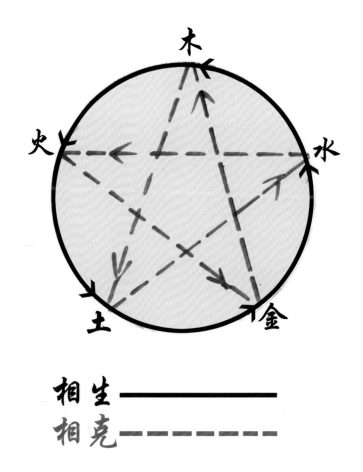

图 1-7　相生相克示意图

（三）五脏和五行的关系

1.关于五行的特性在《汉书·五行志上》记载着："木曰曲直、火曰炎上、土爰稼穑、金曰从革、水曰润下。"（图1-8），这说明了木、火、土、金、水的特性，与四季气候特点息息相关，现解释如下：

木曰曲直：春天，春回大地，树木繁茂生长可曲可直，具有生发特性。

火曰炎上：夏日炎炎，骄阳似火。火有温热蒸腾向上的特性。

土爰稼穑：长夏秋雨绵绵，水湿当令。人们从事种植谷物（稼）和收获谷物（穑），水湿给大地以湿润，使土地有生化、承载、养育的职务，故有"万物土中生"之说。

金曰从革：秋风潇潇，霜打落叶。金属质地沉重，有沉降清肃之意，二者有相似之处的特性。

水曰润下：冬日大地封冻，万物收藏。水有滋润，下行的特性，但不可无限外泄，还有封藏之意。

木日曲直

火日炎上

土爱稼穑

金日从革

水日润下

图 1-8 五行特性示意图

2. 中医以五行的特性来比喻五脏的功能，五脏指肝、心、脾、肺、肾。

肝主疏泄：肝以情志舒畅为顺，与春之木的升发特性相似，故而"肝木"相提并论。

心主血脉：心的功能即心阳有推动血液至全身，其温煦之功与夏之热的特性相似。

脾主运化：脾运送营养物质至全身，使气血有生化之源，故脾有"五脏之母"之说，脾与长夏之土的润泽大地、承载、养育特性相似，常"脾土"相提并论。临床脾失健运则畜体表现食欲差、消瘦、腹泻。

肺主呼吸：肺气以降为顺，否则气喘，与金的沉降、清肃特性相似，常"肺金"相提并论。

肾藏精主水：肾之精，指生殖之精，对机体有养育，濡养作用，因此肾之精不可外泄。肾还参与水液代谢，这些与水的特性相似。

三、以五脏为中心的生命体系论

中医以远取诸物，近取诸身这一原始朴素的哲学思想，用"取类比象"法将五脏和五行等体内诸多组织器官联系起来（表1-1）。脏腑的含义，不单是一个解剖学概念，而主要是生理、病理概念。例如：脏腑中的"心"它除解剖学的心脏外，还包括循环系统和神经系统部分功能，如"心主神智"实际上是大脑的功能。

表1-1　以五脏为中心的生命体系论

四季气候	春	夏	长夏	秋	冬
五行特性	木曰曲直	火曰炎上	土爱稼穑	金曰从革	水曰润下
五脏功能	肝 主疏泄 参与消化 储藏血液	心 主血脉 主神智	脾 运送营养 运化水湿 统摄血液	肺 主呼吸 参与水液代谢	肾 主藏精（发育、生殖）主水
相应五体	筋	脉	肌肉	皮毛	骨
相应五窍	目	舌	唇、齿龈	鼻	耳
相应之腑	胆	小肠	胃	大肠	膀胱

注：中医指管状器官为腑

五脏是五个系统，而不是五个器官。

动物体内依靠经络纵横交错地将脏腑、器官、组织自上而下、由表及里地联系起来，形成一个有机的整体。

依据"五行生克制化论"在生理上五脏之间维持动态平衡，在疾病上一脏有病可涉及相邻的脏腑，出现相生相克失衡状态而发病，在治疗原则上脏腑功能不足的要扶植，功能过亢的需抑制，力求达到生克和谐平衡。

举例说明：

例1

1. 肝与心为相生关系，即木生火。肝主疏泄；肝气舒畅条达可保持心阳的旺盛，如生活中当犬见到久别的主人时，非常欢快、激动，说明肝气舒畅，此时心跳也加快，心开窍于舌，舌色更加红润（图1-9）。

图1-9　木生火相生平衡示意图

例 2

肝与脾为相克关系，即木克土。正常时肝的疏泄功能可以调畅气机，有助于脾之运化营养物质和水湿。情绪愉快时，食欲旺盛，消化功能良好，排便正常。

当相克失衡时，肝疏泄功能失常时，如精神受挫（各种应激因素）可引起胃肠功能紊乱表现呕吐便稀（图 1-10）。

治疗原则：疏肝健脾（扶土抑木法）

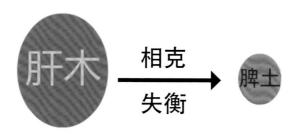

图 1-10 木克土相克失衡示意图

例 3

心与肺为相克关系，即火克金。正常情况下，心阳的温热和肺金的清肃保持相克的平衡关系，临床可见，心音跳动清晰节律有力，呼吸平稳。

当相克失衡时，心阳不足，则肺气清寒不能温化水饮，痰浊内阻则咳嗽气短（如：心脏扩张并发肺水肿）（图 1-11）。

治疗原则：温补心阳，化痰饮。

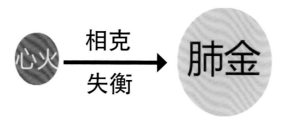

图 1-11 火克金相克失衡示意图

小结：在临床上，有时出现一脏有病就像多米诺骨牌一样，逐次传变累及其他脏器，2 种或 2 种以上病证同时并存，如心、肝、肾同病，中医解释其原因有："虚者受邪，实者不受邪"之说，体现了中医诊病的整体观。

中医学理论的形成受中国古代朴素的唯物论和辩证法的影响，用五行生克制化的理论说明疾病的发生、传变制定出治疗方案，在临床上有一定的指导意义，但仅用机械的生克规律来说明疾病的转归是远远不够的，必须全面考察疾病的证型，同时与现代的循证医学相结合才能对疾病作出正确的诊断和治疗。

四、经络基础浅说

传统医学认为身体内有一个经络系统，这个系统包括经脉和络脉，古人以织物编织的主线为经，在体内纵行走向，经脉的分支称络脉。

经络与脏腑的相关性是：每一脏、每一腑都有所属的经脉，共 12 条经脉，它们有自己的名称和循行路线，脏和腑之间通过经络互相联系，这样纵横交错，网络全身。

在 12 条经脉外还有 2 条经脉，即督脉和任脉，合起来称 14 经脉，经脉上分布有俞穴，下面介绍与临床密切相关的经脉：

（一）督脉（督有总督之意）循行在背中线，主要分布有后海穴、百会穴、大椎穴、天门穴等多个重要穴位。

（二）任脉（任有担当之意）循行于腹中线，主要分布有关元、神阙、中脘、承浆等重要穴位（图1-12）。

（三）足太阳膀胱经，其解剖位置在畜体脊柱两侧背最长肌和髂肋肌之间。在这条经脉上分布有与内脏密切关系的穴位，它们是肺俞、心俞、肝俞、胆俞、脾俞、胃俞、肾俞、大肠俞、小肠俞、膀胱俞等。

（四）夹脊穴：位于畜体背部，临床常用的胸夹脊穴和腰夹脊穴解剖位置在第十胸椎至第

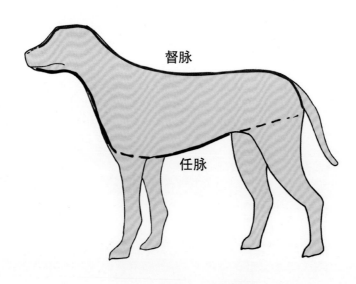

图1-12　督脉、任脉示意图

七腰椎棘突下旁开 1.5~3cm 处。用于防治脊柱及邻近组织的病症。

关于犬猫的 12 经脉循行路线，兽医古籍未见记载。美、英等国兽医学工作者描绘了犬 12 经脉循行路线及穴位，现代研究和临床实践证明经穴的客观存在。有学者认为经络学说是古代医学家在一定的历史条件下提出以整体和系统的观点来看待生命活动，强调机体内各部分之间及与外界环境统一的平衡关系。

五、中兽医诊法之舌诊

中兽医诊察疾病的方法，主要有望、闻、问、切四诊。在望诊中包括望精神和望口色（舌诊）。

舌诊是中兽医学独特的诊法之一，通过观察犬猫（以犬为主）口色的变化来诊察疾病。

传统医学认为舌通过经络直接或间接与多个脏腑相连属，脏腑的精气上荣于舌，故畜体气血的盛衰及脏腑的虚实可以从舌反映出来。舌是动物唯一暴露在外的器官，所以中医"有诸内必行于诸外"之说。

舌诊观察的部位：舌体、齿龈、颊部的黏膜。

观察的内容：色（颜色）、泽（光泽度）、态（舌体的活动状况）。

（一）健康口色（正色）

正常舌体活动自如、伸缩有力、舌质鲜明光润、口色为淡红或粉红色。

关于口腔的颜色，前人通过细致的观察，常用人们生活中所熟悉的事物做比喻来进行比色，这样更生动，使大家容易理解。

健康口色像桃花或莲花色，前人这样描述"如桃如莲，五脏安然"，"舌如桃花鲜明润、唇似莲花色更辉"。淡红或粉红色说明畜体气血运行不盛不衰，脏腑功能和谐平衡（图 1-13a，图 1-13b）。

健康口色和畜龄、气候的冷、热及瞬间状态如运动、安静等有关，还要注意有些品种的特殊口色，如松狮犬正常为蓝黑色，同时也要注意饲喂某些食物可引起"染色"等假象。

在疾病初起，病情轻浅或某些疾病未涉及脏腑时，口色也为淡红或粉红色。临床防疫注射时也应该把观察口色列为参数之一。

关于舌的结构在黄韧主编的《比格犬描述组织学》一书中写道："低倍镜下犬舌体由舌黏膜和舌肌构成；舌肌为纵、横、垂直 3 组互相交叉排列的骨骼肌、舌黏膜由上皮和固有层组成，上皮为复层扁平上皮，不角化或轻度角化，舌背面上皮较厚而粗糙，并且有多种乳头……"。从解剖学来看，舌体血运特别丰富，其透过不透明的上皮而呈淡红色或粉红色。

图 1-13a　健康口色（舌如桃花色）

图 1-13b　健康口色（舌如莲花色）

（二）病色

病色即有病的口色，包括白色、红色、黄色、紫色等常见病色。不同的病色有相应的主证，根据主证采取不同的治疗原则。现今随着检测手段及对疾病认识的不断深化，对各种病色相应主证的概念有了新的提升。

1. 白色（图 1-14）

主虚证。多种因素导致畜体气血不足，阳气虚弱。口色呈白色的病犬，血液检测之血象以红细胞及血红蛋白、红细胞比积下降为主，在治疗原则上应该治本或标本兼治。

参考值：犬红细胞（RBC）（5.5~8.5）×10^{12}/L、血红蛋白（HGB）120~180g/L、红细胞比积（HCT）37%~55%。

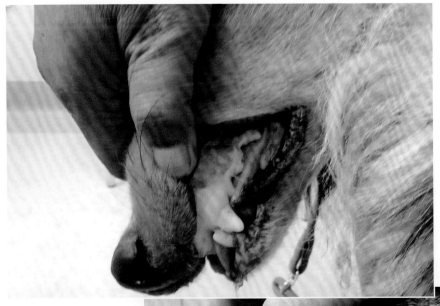

边牧犬　2岁　母
寄生虫性贫血
（钩虫病）

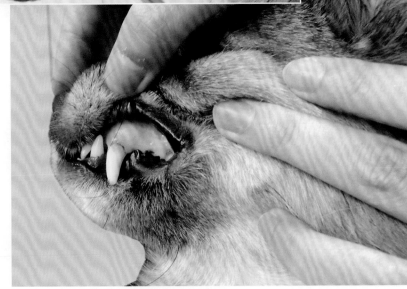

混血犬　5月龄
氯菊酯中毒所致贫血
RBC 1.50×10^{12}/L
HGB 36g/L 多染 RBC++

雪纳瑞 5岁 公 洋葱中毒所致贫血

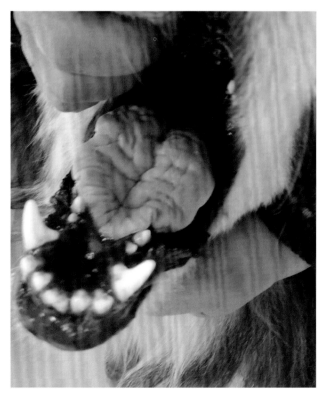

阿拉斯加犬 2岁 肾性贫血
RBC2.89 × 10^{12}/L HGB67g/L HCT20.6%

图 1-14 临床舌诊为白色的典型病例

2.红色（图 1-15）

主热证。见于急性感染性疾病或高热、脱水等。口色呈红色的病犬，血液检测之血象以白细胞升高或红细胞比积指标升高居多。

参考值：犬白细胞（WBC）（6~17）×10^9/L、红细胞比积（HCT）37%~55%、猫白细胞（WBC）（5.5~19.5）×10^9/L。

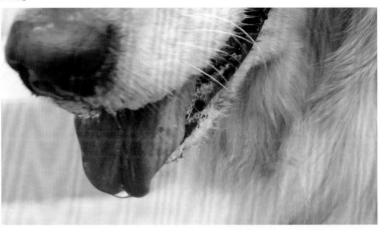

金毛犬中暑

比熊犬　7月龄
幼犬急性上呼吸道感染 WBC 21.0×10^9/L

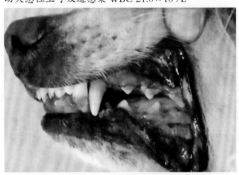

阿富汗犬　10 岁
老年性脑炎
HGB 213g/L HCT 63.7% 体温 39.4℃

暹罗猫成年
嗜酸性肉芽肿
WBC 23.0×10^9/L

图 1-15　临床舌诊为红色的典型病例

3. 黄色（图 1-16）

主湿。见于肝胆病，黄色深浅和血中总胆红素、直接胆红素含量有关。

参考值：犬血中总胆红素（TBIL）0~15μmol/L，猫为 0~10μmol/L；直接胆红素（DBIL）犬、猫均为 0~5μmol/L。

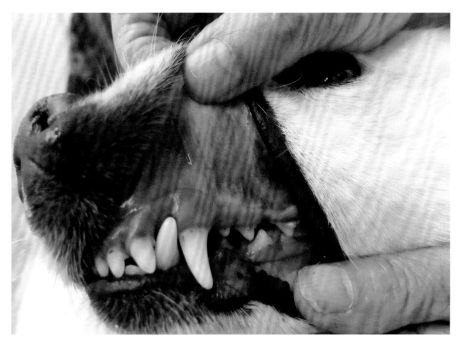

斗牛混血犬　成年
TBIL 432 μmol/L
DBIL 260 μmol/L

混血犬　2岁
中毒性肝损伤

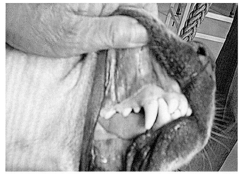

混血犬　5岁
慢性肝损伤

普通猫　2岁
脂肪肝

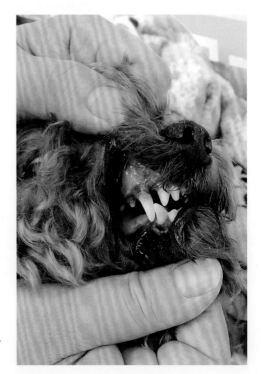

泰迪犬　4岁
急性肝损伤 TBIL 157 μmol/L
DBIL 131 μmol/L

图 1-16　临床舌诊为黄色的典型病例

4. 紫色（图 1-17）

主气滞血瘀症。见于各种原因引起的心脏病或肺部疾患，多因摄氧不足所致。

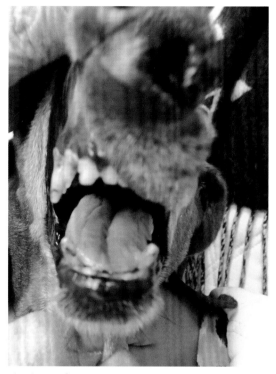

腊肠犬　12 岁
肺肿瘤后期

京巴犬　5 岁
心肌纤维化

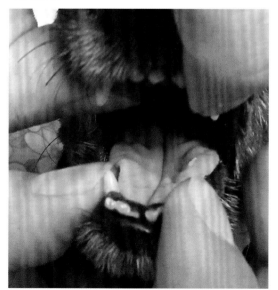

腊肠犬　14 岁
慢性心衰

博美犬　9 岁
急性心衰

图 1-17　临床舌诊为紫色的典型病例

（三）危重症或濒死期口色

1. 光泽度

望诊中不仅要察色，还要看舌体是否润泽，前人常说"有一分光泽，就有一分生机"畜体是鲜活的生命，鲜明光润说明机体正气未伤，生机尚存。反之晦暗无光，生机全无，预后谨慎，兽医古籍有"明泽则生，枯夭则死"的记载。书中具体描述如下：

青如翠玉者生，似靛染者死（图1-18）；

白如猪膏者生，似枯骨者死（图1-19）；

赤如鸡冠者生，似衃血者死（图1-20）（衃，指凝聚的死血）；

黄如蟹腹者生，似黄土者死；

黑如乌羽者生，似炱煤者死（图1-21）（炱，指烟筒中的煤灰）。

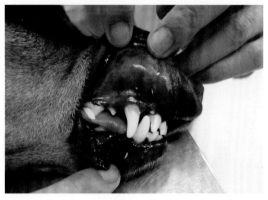

杂犬　8岁　公　腰病伴肾衰

苏格兰牧羊犬　12岁　公　BUN 大于50mmol/L，
CRE542μmol/L，CPL(+)

　　　　　　BUN（尿素氮）1.8~10.4mmol/L
参考值 CRE（肌酐）60~110μmol/L
　　　　　　CPL（胰腺炎）（－）

图1-18　口色似靛蓝色的典型病例

杂犬肠炎后期

京巴犬　8岁　母
长期营养不良伴心衰

图1-19　口色似枯骨色的典型病例

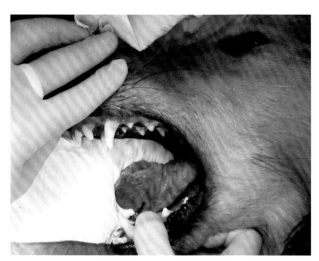

苏格兰牧羊犬　4岁　公
体温 39.1℃，血压 240mmHg，伴有脑神经症状

图 1-20　口色似衃血色的典型病例

杂犬　2岁　公
体温 37.5℃，意识障碍，不断做喝水动作，24h 后死亡

图 1-21　口色似炱煤色的典型病例

2. 口色以灰黑色为主

古人曾这样夸张地描述"唇如墨黑，时间气短；舌如煤妆，刻下身亡。"（图 1-22）

有些学者认为以上口色与畜体生理功能失调有关；如细菌毒素的侵入；机体自身毒素的产生；组织细胞代谢障碍等关系密切，这些都有待深入探讨论证。

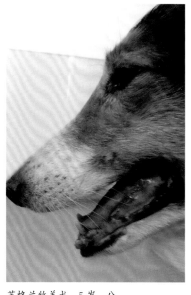

藏獒　1岁　母
临产伴大叶性肺炎

苏格兰牧羊犬　5岁　公
慢性肾功能衰竭

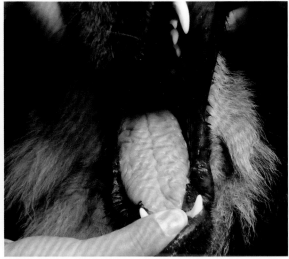

杂犬　1岁　公
剧烈疼痛死亡

藏獒犬　8月龄　公
咪康唑中毒

图 1-22　临床舌诊为灰黑色的典型病例

（四）口色的多变性

1. 在临床诊治中病色转为正色，说明机体逐渐康复，反之正色转为病色说明正虚邪盛。

2. 犬的口色也因个体差异表现不一，如对疾病的耐受力强或完全不耐受。

3. 对同时有多种疾病的患犬可出现复合口色。

4. 一种口色可将另一种口色覆盖而不显现疾病的本色，因此四诊合参很重要。

（五）舌态

舌态即舌体活动状态，如麻痹、强直、痿软、歪斜、舌体断裂、皱纹舌等，多见原发或继发外周神经系统疾病，免疫病、老年病、中毒等其他急、慢性疾病。

小结：

1. 犬的口色不仅反映畜体气血运行的状态，同时和各组织器官病变轻重息息相关。

2. 犬的口色在临床上对疾病的转归和预后有很好的参考价值。

3. 在观察口色的同时，也观察了精神活动，在临床上应二者互参来体察病情。神是以精气作为物质基础而表现出来的，故常说"精神"，神是畜体活动的外在表现，神的盛衰是畜体健康与否的重要标志之一，神是正气的流露，健康犬猫皮毛润泽，光亮整洁；双目灵活明亮；体态自如灵活，鼻镜湿润凉爽；肛门清洁；二便正常；听从主人呼唤，有病之犬猫表现神气衰少之象，不再一一罗列。

4. 提示观察口色应注意安全，无须强求，以防咬伤。对病情较重的犬猫，应配戴手套观察。

02 毫针疗法
Filiform Needle Therapy

章节

一、概说

中兽医针灸是我国兽医学宝贵的科学遗产。我国兽医历史悠久。早在原始社会，人类把野生动物驯化成家畜的时期，就出现了砭石和骨针等医疗工具（图 2-1），到了公元 1400 年左右，兽医针灸学开始形成。有关的兽医古藉初步系统地记载了马、牛的针灸穴位及其疗法。

1982 年兽医针灸专著《中国兽医针灸学》问世（图 2-2）。该书记载了犬的针灸穴位 76 个，

图 2-1　新石器时代的砭石（有切割脓疡和针灸两种性能）

猫的针灸穴位 36 个。进入 21 世纪以来利用针灸治疗犬猫疾病，已在世界很多国家受到关注和应用。

兽医针灸包括针刺和灸法两种治疗技术。针刺是用针刺入动物体某一特定部位，以治疗疾病

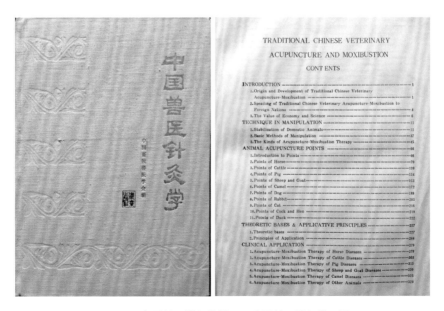

图 2-2　中国兽医针灸学封面及中国兽医针灸学目录

的技术。

灸字是由"久"字和"火"字组成，其意是长时间加热。灸术是一种温热刺激疗法，就是用艾叶（菊科植物艾的干燥叶）（图2-3）晾晒加工去掉杂质粗梗成为艾绒做成艾卷点燃，也可做成艾柱置于犬体平坦部位（图2-4a）或者在某一个穴位上点燃熏灼（图2-4b），要注意艾柱必须用鲜姜片作铺垫，以避免直接烧灼被毛、皮肤；鲜姜片有助艾叶的温热之力。艾灸有疏通经络、祛除寒邪的功效。在古代这两种方法常合并在一起应用，故常合称为"针灸"，这种说法一直习惯沿袭至今。

图2-3　菊科植物艾

图2-4a　燃烧的艾柱

图2-4b　艾灸治疗中

毫针疗法是用毫针刺入患病犬猫身上的穴位，从而达到调整机体机能活动及治疗病症的一种疗法（图2-5）。

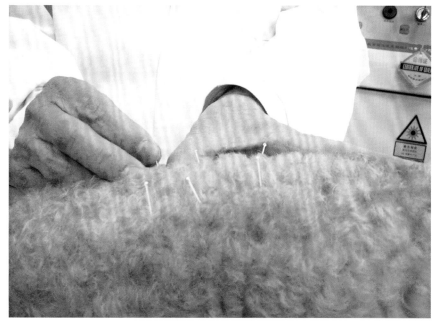

图2-5　针灸治疗中

穴位有时称俞穴或穴道。俞有转输、疏通的含义，"穴"是孔隙的意思，俞穴从属于经络，而经络又通于脏腑，故俞穴、经络、脏腑三者有着不可分割的密切关系。输通是双向性的：从内通外，是反应病痛，而从外通内，是接受刺激，以防治疾病。

穴位是动物气血输注出入之地方，是邪气侵入之处和脏腑病痛在体表的反应点。疾病的产生主要由于各种致病因素导致的气血瘀滞、经脉闭塞、阴阳失调而引起。针灸治病是使穴位接受刺激以祛邪扶正、调和气血、疏通经脉以达到阴阳平衡的目的。

沈雪勇教授认为穴位的特异性是对病理而言，针灸是机体在疾病状态下，针刺穴位被激活而显示出它的临床疗效。

（一）针具

临床常用的毫针，为一次性使用的针具。毫针是用不锈钢材质经拉丝打磨而成，其特点是质地韧、弹性好、硬度强、无磁性，导电性能好，针具光洁且细，容易进针，以减轻病犬之痛苦。针尾用铜丝缠绕便于进针和观察进针的角度（图2-6）。临床常用的规格为直径0.25 ~ 0.35mm，长度13 ~ 25mm。使用毫针应根据患犬皮肤的柔韧性及患犬病况进行选

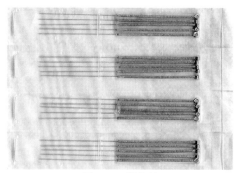

图2-6　针灸针

择，针体过细则硬度不够，不易刺透皮肤，反之针体过粗，则对柔嫩的皮肤可造成损伤。

（二）常用的进针法

针刺的第一步是将针刺入皮肤。应注意的是由于皮肤对痛觉敏感，针刺疼痛主要是在针尖进入皮肤的一瞬间，操作时医者应在穴位上用左手拇指进行轻轻旋转按摩转移疼痛或用友好的语言与患犬进行交流，以消除它的紧张心理。

1.指切进针法：以左手拇指端切压穴位，右手持针在切压处将针刺入，两手互相配合。临床多用此手法（图2-7a）。

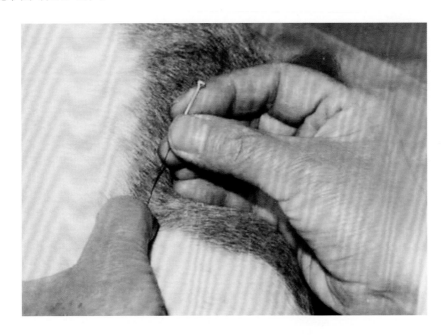

图2-7a　指切进针法

2.提捏进针法：用左手拇指及食指将穴位皮肤捏起来，右手持针刺入。一般用于皮肤紧绷的穴位（图 27b）。

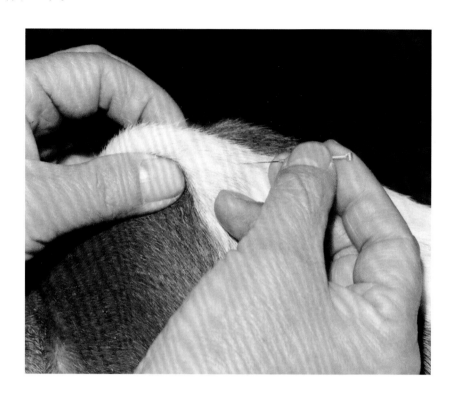

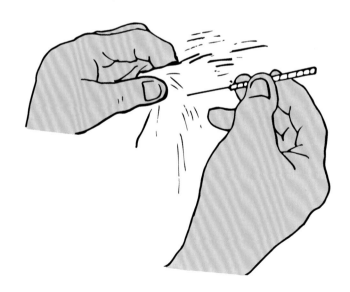

图 2-7b　提捏进针法

　　3.舒张进针法：用左手拇指、食指将穴位两侧的皮肤撑开，使之绷紧，右手持针刺入。适用皮肤皱褶较多、皮肤不易固定的穴位（图2-7c）。

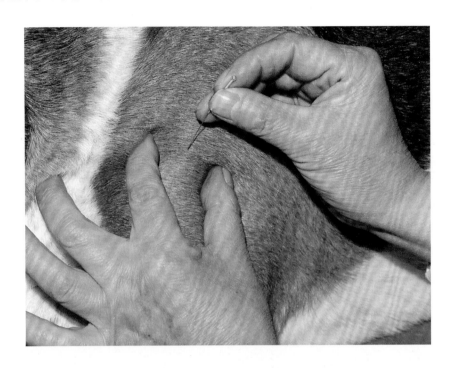

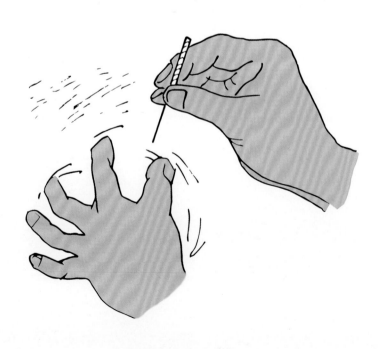

图2-7c　舒张进针法

　　从犬的大体解剖学角度观察：穴位大多分布在动物体表的肌肉、肌腱、韧带之毛细淋巴管、毛细血管、神经末梢、结缔组织间（图2-8a，图2-8b）。

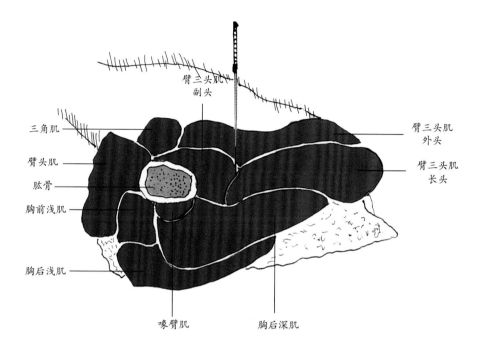

图2-8a　前臂部横断面（抢风穴）

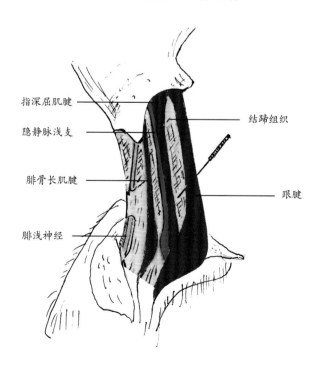

图2-8b　跗关节外侧面（后跟穴）

（三）针刺角度、针刺深度、针刺强度、针刺时间及注事事项

1. 针刺角度是指针身与皮肤表面的倾斜度，有直刺、斜刺、平刺之分，依穴位所在解剖部位不同选择不同的入针角度（图2-9）

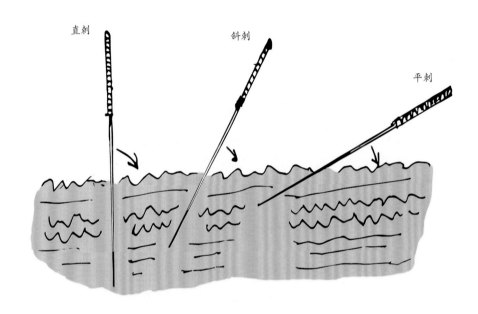

图2-9 针刺入针角度

①直刺：针身与皮肤表面呈垂直或接近垂直的角度刺入，如抢风穴。

②斜刺：针身与皮肤表面呈45度角刺入，适用于骨骼边缘或内有主要脏器的部位，如背部的肝俞、脾俞等穴。

③平刺：针身与皮肤表面呈15度角刺入，多用于肌肉特别浅薄处的穴位，如后跟穴等。

2. 针刺深度必须适度。正如《素问·刺要论》所说："病有浮沉、刺有深浅、各至其理，无过其道。"

3. 针刺强度，即针刺时必须达到一定的刺激量，使犬产生针感反应。手法有强刺激、中刺激、弱刺激之分。

①强刺激：是一种进针深，较大幅度和较快频率提插、捻转的手法，一般用于体质强壮的患犬。

②中刺激：刺激强度介于强刺激和弱刺激之间，提插、捻转的幅度和频率均取中等，适用于一般体质的病犬。

③弱刺激：进针浅，较小幅度和较慢频率地提插、捻转，手法轻柔。一般用于老、弱、幼的患病犬猫或有重要脏器部位的穴位。

④提插与捻转（图 2-10）

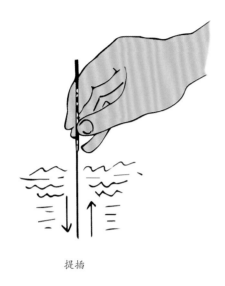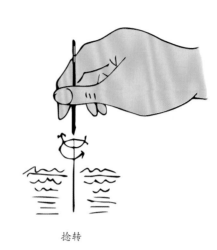

提插　　　　　　　　　　　　　捻转

图 2-10　针灸手法

在针刺过程中，还可用捻转或提插手法，称为"行针"，其目的是使犬猫的产生经气感，如肌肉收缩、甩尾等。

A. 捻转：术者施针手的拇指向左，顺时针方向捻动或者说向外捻动，传统医学称为补法；拇指向右，即逆时针方向捻动或者说向内捻动，此称泻法。补法和泻法都是针刺手法中的大法，多在取针时采用此法。

B. 提插：施术者将针体向上或向下做幅度较大移动的一种手法，如针刺廉泉穴。

4. 针刺时间，即留针时间以 15~30min 为宜。

5. 注意事项

（1）针刺前的注意事项

①犬猫由主人陪伴为好。

②患病犬猫是否已保定好，应重复检查，做到万无一失。

③医者对针刺穴位是否已选择好，应做到心中有数。

④避免环境的嘈杂及不必要的骚扰。

⑤针具使用前应检查质量，以免出现针体变形或针根处折断。毫针以一次性使用为好。

⑥对于被毛上有污垢的患病犬猫，应首先清洁被毛并消毒，以防污染针孔化脓。

⑦妊娠期不宜针刺，尤其是腰以下部位。

（2）针刺时的注意事项

①随时观察动物的精神及动态，如针刺过程中出现躁动不安或其他异常情况，应及时调整

留针时间或终止针灸。

②位于胸背部的穴位针刺不宜过深，过深则容易刺伤内脏，如胸膜及肺，从而引起气胸的形成等副作用。

（3）针刺后的注意事项

①针刺时有可能刺到穴位处的皮下毛细血管，起针时可引起少量出血，此为常见现象。可立即用消毒棉球压迫止血。

②针后3天内不可洗澡，以免针孔感染。

总之，患犬在接受治疗的同时，温馨的环境、舒适的保定、医生稳定的指力、灵活变通的医术、主人的陪伴其疗效也会大大提高。

陈汉平教授认为针灸是一种机体自我合理损伤疗法。毫针虽然很细，针刺时通过皮肤、各层面的肌肉等组织及针刺的各种手法，引起机体超微结构损伤，从而达到治疗作用。

二、针刺对机体的作用

动物临床实践表明，针刺可治疗多科、多系统疾病，它对畜体的作用主要归纳如下。

（一）调整作用

针刺对机体的各个系统、各个器官的功能都具有调节作用。这种调节作用具有明显的良性的双向性，这种双向性调节表现在：功能亢进者，经针刺可使其功能下降并趋于正常；功能低下者，经针刺可使之上升达到正常生理状态。

1. 实验研究针刺对大脑皮层功能有调整作用

张笑平等学者成功地做了如下试验：当以铃声和灯光使犬建立巩固的食物性条件反射后，皮下注射咖啡因等中枢神经兴奋剂，此时唾液分泌量增加，在针刺足三里、百会穴后，唾液分泌减少至正常；在口服溴化钠等中枢神经抑制剂，唾液分泌量显著减少时，经针刺后，可在较短时间内使唾液分泌增加甚至超过正常水平。

2. 通过临床医案说明针刺对机体功能的调整作用

（1）针刺廉泉穴治疗舌体麻痹症和舌体强直症

医案 1

针刺廉泉穴治疗犬舌体麻痹症

【病史】患犬已数天不能进食。

【品种】京巴犬　性别：母　年龄：6个月

【检查】精神一般，体温、呼吸、脉搏无异常，舌从右口角伸出4cm左右，露出的舌体变薄变窄，约为患犬正常舌体体积的1/2，舌软如绵，舌面干燥、皱缩、有裂纹，舌色暗红，舌体不能回收，针刺舌体无反应，不能进食和饮水（图 2-11a）。

舌体麻痹症

廉泉穴

廉泉体表穴位图

图 2-11a 犬舌体麻痹症

【治疗】

A. 针刺廉泉穴，入针约 0.5cm，留针 15min，取针时反复提插数次，每隔 2 天针灸一次。

B. 皮下注射维生素 B_1 注射液 50mg，维生素 B_{12} 注射液 0.25mg。

C. 用纱布包裹露在外面的舌体，每天定时喷洒生理盐水。

【疗效】1个月后症状逐渐好转，舌体已较灵活，舌伸缩稍有力，舌色红润，采食能力逐渐增加。嘱畜主每天按摩廉泉穴5min，给予维生素B_1片（每片含量10mg），每天3片口服，3个月后该犬来医院进行健康检查，舌体已完全恢复正常（图2-11b，图2-11c）。

图2-11b　舌体麻痹治疗1个月后追访

图2-11c　舌体麻痹治疗1年后追访

医案2

针刺廉泉穴为主治疗猫舌体强直症

【病史】该猫因有癫痫史，注射镇静药后发病。

【品种】普通猫　性别：母　年龄：6岁

【检查】舌体强硬无弹性，用手推进口腔后又立即伸出，指压两侧咬肌，手感质硬呈紧张状，无法舔水喝，无力咀嚼食物，主人只得每天将水滴在猫舌上，将食物嚼烂后再送入猫口中（图2-12a）。

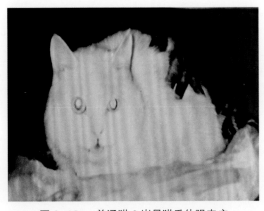

图2-12a　普通猫6岁母猫舌体强直症

【治疗】

A.针刺廉泉为主穴，配伍锁口、承浆、天门穴位，留针15min。

B.皮下注射维生素 B_1 注射液25mg、维生素 B_{12} 注射液0.1mg，每周治疗3次（图2-12b）。

【疗效】针刺治疗5次后，舌体恢复正常，能正常进食和饮水，癫痫亦未发作（图2-12c）。

【案语】针刺廉泉穴改善了舌体的运动功能和分泌障碍，这与解剖学中的舌下神经等功能有关。针刺廉泉穴等穴对舌体的运动机能有双向调节作用。古医书中有廉泉穴治疗舌强舌瘘的记载。

图2-12b 猫舌体强直症针灸治疗中

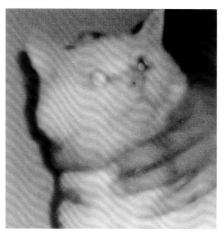

图2-12c 猫舌体强直症痊愈

（2）针刺对上运动神经元和下运动神经元功能紊乱的自主调节

近年来美国动物神经学者阐明：犬猫健康时神经系统的上运动神经元和下运动神经元系统负责调节机体的正常运动功能，因而犬猫四肢活动协调自如，奔跑矫健有力。在病理状态下，当脊髓定位在第1颈椎至第3腰椎有问题时，从神经学角度评估，就出现上运动神经元和下运动神经元的功能紊乱，表现出神经支配相应的组织功能异常，如肌张力的增强或减弱；脊髓反射的增强或减弱；感觉异常；行走幅度的多样性改变；尿失禁或尿潴留……医者近7年的统计（中国农业大学动物医院）治疗近300余例，结合颈、胸、腰椎体病病证表现，通过针灸模式即多穴位固定组合，使病证得到改善或完全治愈。充分体现针刺疗法对神经调控的双向调节作用。

下面以肌张力增强或减弱为例说明针刺的双向调节作用（图2-13a至图2-13f）。

①上运动神经元功能紊乱

前肢肌张力增强：博美犬因 C_5-C_6 狭窄、C_6-C_7 增生引起前肢痉挛性瘫痪（图2-13a）

前肢肌张力减弱：约克夏犬因 C_7-T_1 狭窄引起前肢弛缓性外展（图 2-13b）

②下运动神经元功能紊乱

后肢肌张力增强：巴哥犬因 T_{13}-L_1 狭窄引起后肢痉挛性瘫痪（图 2-13c）。

后肢肌张力减弱：腊肠犬因 T_{12}-L_3 增性狭窄引起后肢弛缓性瘫痪（图 2-13d），柯卡犬因 L_3-L_4 狭窄后肢轻瘫外展（图 2-13e）。

图 2-13a　前肢痉挛性瘫痪治疗前①与治疗后②

图 2-13b　前肢迟缓性外展治疗前①与治疗后②

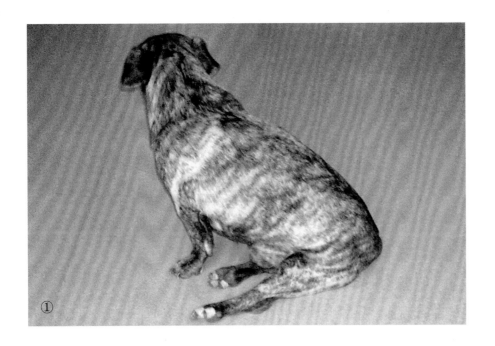

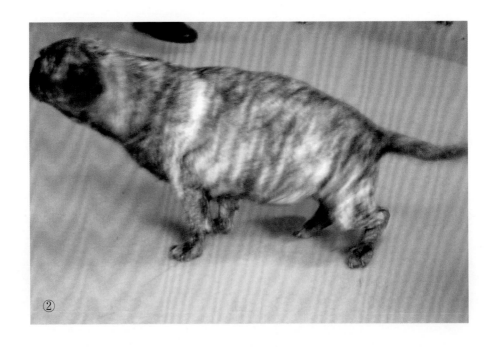

图 2-13c 后肢痉挛性瘫痪治疗前①与治疗后②

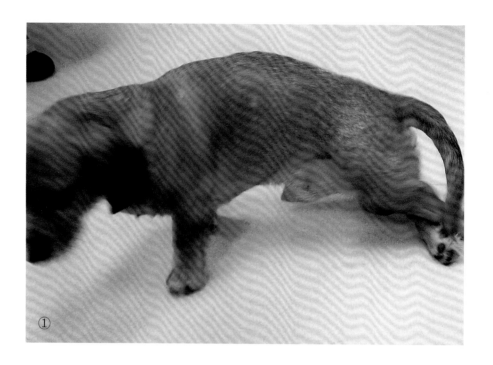

图 2-13d　后肢迟缓性瘫痪治疗前①与治疗后②

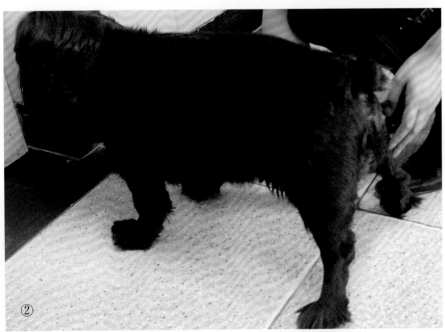

图 2-13e　后肢轻瘫外展治疗前①与治疗后②

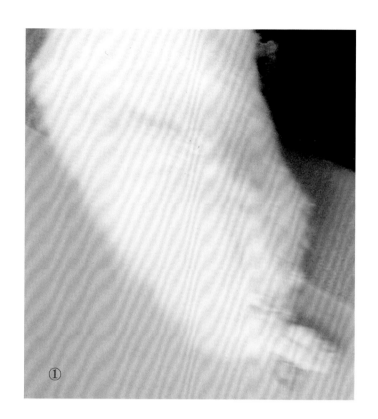

图 2-13f　后肢轻瘫交叉治疗前①与治疗后②

京巴犬因 T_{13}-L_1 轻度狭窄引起后肢轻瘫交叉（图 2-13f）。

③上运动神经元并伴有下运动神经元功能紊乱（图 2-13g1 至图 2-13g7）。

喜乐蒂牧羊犬　性别：公　年龄：5 岁　体重：10kg

一例因 C_6-C_7 增生，L_1-L_2 狭窄，引起前肢迟缓性瘫痪及后肢轻度强直性瘫痪，并伴有尿潴

图 2-13g1　治疗前

图 2-13g2　扶助站立时的状态

图 2-13g3　针灸治疗中

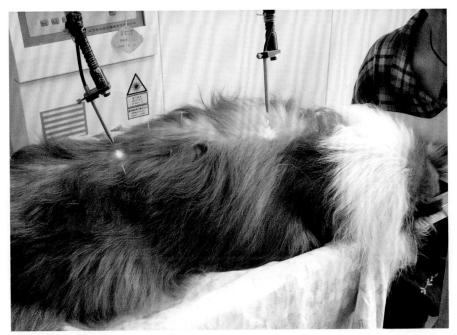

图 2-13g4　针灸加激光治疗中

图 2-13g5　治疗第三周能自主排尿

图 2-13g6 治疗康复中第四周

图 2-13g7 治疗第五周痊愈

留的医案记录。

对有些症状严重者，疗效较差。

马文斌、张健学者报道：收集三只白针治疗 3 周至 2 个月治疗无效的京巴犬（主人要求安乐死），死后进行组织学观察，发现三只患犬受压部位的脊髓部有不同程度的变形，神经组织崩解，只残留少数的干枯神经元，大量神经纤维脱失，出现了不可修复的损伤（图 2-14）。试验结果告诫我们：在神经学检查中完善的检测设备，对脊髓状态准确的定位和定性，为判断

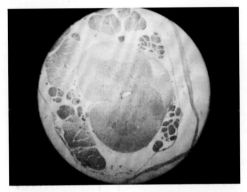

对照组：正常脊髓形态
甲苯胺蓝 ×4

病例组：脊椎严重变形，灰白质分界不清
苏木精－伊红 ×4

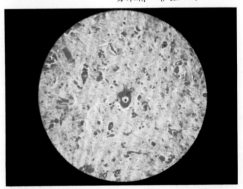

对照组：正常的灰质神经元及尼氏体
甲苯胺蓝 ×40

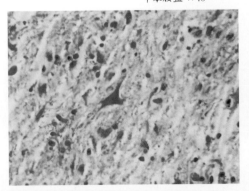

病例组：干枯神经元尼氏体消失，核固缩
甲苯胺蓝 ×40

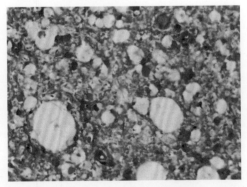

病例组：白质轴索变性，神经纤维脱髓鞘
甲苯胺蓝 ×40

图 2-14 正常犬和患病犬的脊髓组织学观察

疾病预后，提供更准确的数据是非常必要的。

（3）针刺治疗外周神经运动功能障碍性疾病，如对前肢、后肢运动神经麻痹性疾病有明显疗效；对某些个别犬来说有些抗生素如氨卡西林、诺氟沙星能破坏它们的神经传递而引起瘫痪，针刺也有很好疗效。

医案 1

桡神经麻痹

【品种】京巴犬　性别：母　年龄：10 月龄　体重：4.5kg

【病史】该犬的前肢被汽车撞伤后，当即不能行走。

【检查】患犬卧地不起似乌龟状，如将其抱起时右前肢不能负重，肘关节以下各关节均屈曲弛缓无力，似比健肢长，患肢不能负重、举扬困难，针刺肩甲部肌肉及前肢背侧肌肉无反应（图 2-15a）。

【治疗】

A. 针刺患肢抢风、肩外俞、肘俞；前三里、六缝穴每次留针 15min。

B. 针后抢风穴注射维生素 B_1 20mg、维生素 B_{12} 0.2mg。

C. 口服复合维生素 B 片每天 3 次，每次 1 片。

D. 嘱畜主每天按摩病犬抢风穴、前曲池、六缝穴 5min（图 2-15b）。

图 2-15a　桡神经麻痹治疗前

图 2-15b　桡神经麻痹治疗中

【疗效】3 天后第二次复诊无明显变化。治疗方案同前。10 天后第 3 次复诊，针刺肩甲部肌肉时患犬表现疼痛、躲闪，患肢能勉强支撑落地，时间短暂。因路远，嘱主人坚持为病犬患部穴位做按摩。

【案语】

A. 桡神经麻痹为前肢神经麻痹中的一种，主要表现肘关节固定不全，腕关节陷于屈曲。

本病治疗中所选的穴位均有通经活络功效，辅以维生素 B_1、维生素 B_{12} 能营养神经，加强传导作用。

B. 桡神经分布在大圆肌、前臂肌、臂三头肌、指总伸肌、指侧伸肌。故桡神经麻痹时肘关节固定不全，表现下沉样，腕关节以下各关节陷于屈曲状态，患肢表现弛缓无力，举扬困难。根据病因可分为中枢性和外周性，本病因撞伤引起，故为外周性。根据损伤性质和程度又分完全麻痹和不全麻痹。在治疗上应及时采取措施，否则局部肌肉很快萎缩，预后不良。

医案 2

氨苄西林所致瘫痪（肢体痿废症）

【品种】比格犬　性别：公　年龄：4 岁　体重：14.5kg

【病史】一周前患犬从国外来北京，三天前因患尿路感染来院用氨苄西林治疗，每天一次，每次 0.5g 皮下注射。连续治疗三天后，该犬仍不能站立和进食，于是给予维生素制剂并输液治疗，仍无好转。

【检查】体温 37.2℃，心率 98 次 / 分，呼吸 15 次 / 分。

患犬全身肌肉松弛，四肢肌张力减退，无力抬头，无力张嘴，舌也无力伸出，尾不能摇动，眼能闭合，眼球活动自如，能自主排便和排尿（图 2-16a 至图 2-16c）。

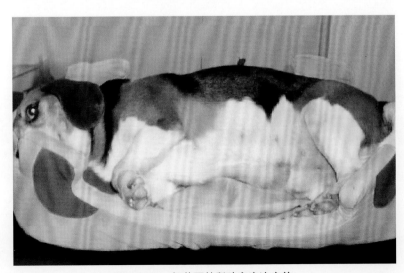

图 2-16a　氨苄西林所致瘫痪治疗前

图 2-16b　氨苄西林所致瘫痪治疗中

图 2-16c　氨苄西林所致瘫痪针灸治疗后次日

【治疗】通经活络

（1）针刺督脉之天门、大椎、身柱、脊中、悬枢、百会、尾根、前肢六缝穴、后肢六缝穴。

（2）继续输液和给予维生素 B_1 注射液、维生素 B_{12} 注射液治疗。

【疗效】治疗后第一天在主人扶助下站立；治疗第二天能自行走 1m，并能开口进食；治疗第三天可行走 10m，嘱回家调养。

【案语】

本病是因神经肌肉接头传递功能受到抗生素破坏而引起。中兽医学认为此病是肢体痿废症，即四肢痿软无力，缓纵不收，身无痛处，体温偏低，舌软无力。痿证多虚，考虑病程不长，外邪直中经络，未累及脏腑。针刺督脉各穴，以振奋阳气，督脉为阳气之总督，头为阳中之阳，同时针刺四肢的六缝穴，因脏腑之十二经脉均在趾、指、部相接，使全身经络通畅而自愈，收到立竿见影之功效。

（二）镇痛效应

1. 动物的镇痛试验研究

（1）20世纪80年代，中兽医学专家于船教授等进行了毫针对动物痛阈影响的试验，试验采用电刺激法和钾离子透入法，利用测痛仪（图2-17），比较动物针刺前及针刺后对电流强度的耐受值，即痛阈值，试验结果如下：

例①家兔后三里穴针刺组与对照组相比（图2-18），实验结果：痛阈值提高显著（见表1）。

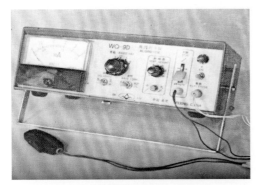

图2-17　测痛仪（1979-1989年）

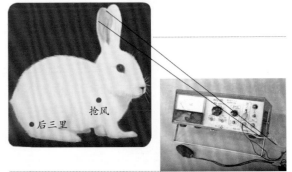

图2-18　针刺家兔后三里穴、百会穴对痛阈的影响

表1

组别	例数	实验前痛阈（mA%）	实验后痛阈（mA%）
家兔后三里针刺组	6	0.28±0.02(100)	0.43±0.04(153.6)
家兔对照组	6	0.27±0.02(100)	0.30±0.03(111.3)

例②家兔百会针刺组15只，经测得结果见表2。

表2　基础痛阈值 2.1869±0.279mA（100%）

时间（min）	痛阈值（mA）	提高（%）
5	2.7638±0.3710	126.4
10	3.278±0.4452	149.9
15	3.674±0.4563	168.0

试验结果：15min内平均痛阈值3.238mA提高148.1%。

（2）中国生理学家韩济生教授从1965年起从事针刺镇痛原理的研究，首先阐明针刺可促进下丘脑分泌类似吗啡样物质，总称为内鸦片肽，包括内啡肽、脑啡肽、强啡肽，这是一个具有镇痛作用的家族。

在试验中，将接受针刺组小鼠的脑髓液注射到对照组小鼠体内时，这组也产生了镇痛效应，韩济生教授初步揭开了针灸止痛的千古之谜（图2-19）。

脑脊髓液

对照组　　　　　　　　　　　　　　　　针刺组

图2-19　针刺原理的试验研究

针灸之所以有镇痛作用，是机体本身具有内源性的镇痛系统，可产生内源性鸦片样物质，经针刺激后激活了内源性镇痛系统而发挥镇痛效应。

镇痛的理论基础为医学工作者利用针刺麻醉（简称针麻）实施某些手术提供了依据。

2. 临床医案

医案1

针刺治疗犬老年性骨关节炎

【品种】拉布拉多犬　性别：公　年龄：11岁　体重：40kg

【病史】该犬右后肢曾患髋关节坏死症，3年前又患膝关节十字韧带撕裂，两次病均在国外做过手术，现该犬仍经常出现行走困难，不愿活动，主刀医生及犬主人希望接受针刺治疗。

【检查】患犬体形偏胖，左前肢肘关节中度增大，行走时有明显痛感，右后肢跛行，行走不灵活，其他未见异常（图2-20a至图2-20c）。

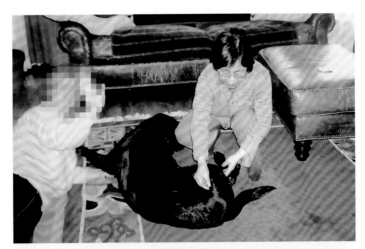

图 2-20a　老年性骨关节炎术后针灸治疗

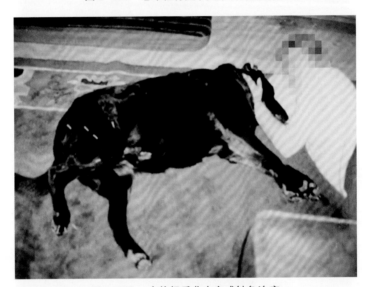

图 2-20b　在悠扬乐曲中完成针灸治疗

图 2-20c　治疗后与主人一起游戏

【治疗】通经活络止痛。

针刺右后肢环跳、膝上、汗沟、阳陵、后三里、后跟及左前肢的肩井、肘俞、抢风、前三里及大椎、百会各穴。进针 5min 后，捻转行针，待针感强后，留针 15min；左前肢肩井、肘俞、抢风、前三里各穴，每穴注射维生素 B_{12} 0.1mg。按上述方案，每周治疗一次。每日提拿脊背区 10min。

【疗效】经 4 次治疗，疼痛明显减轻，后改为半个月治疗一次，经半年治疗该犬体况好转，病情稳定，户外行走时还能慢速跑步，偶尔还能急速奔跑。

【案语】临床患犬主要表现膝关节疼痛，此为表象，中医有"诸节疼痛皆属于肾"一说，肾主骨生髓，患犬年老肾脉空虚，髓无以养，故表现骨节疼痛。医者针对患肢进行对症选穴，使经络气血通畅。疼痛逐渐减轻，从而使病情稳定。

医案 2

针刺治疗老年犬四肢疼痛症

【品种】德国黑背犬　性别：公　年龄：14 岁

【病史】该犬行走困难，卧地后站起困难，食欲、大小便均正常。

【检查】体瘦，行走四肢拘紧，尤以后肢严重，卧地后喊叫多次才能站起来，触诊腰背、四肢的肌肉弹性差，被毛、皮肤无润泽感。

【治疗】通经活络止痛（图 2-21a，图 2-21b）

选择督脉及前肢、后肢主要穴位（略）及膀胱经之肝俞、肾俞。

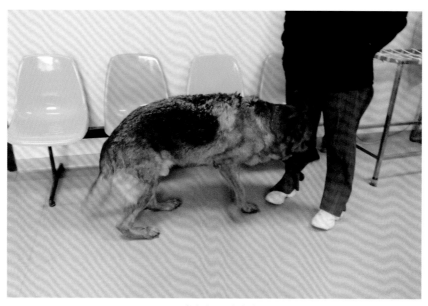

图 2-21a　犬老年四肢疼痛症治疗前

图 2-21b　治疗中

【疗效】每次针后疼痛减轻。因路途远，主人身体欠佳，针灸后要求主要在家以按摩法治疗。

【案语】患犬主要表现四肢走路疼痛，《内经》古籍中称之为"肢节痛"，属于痹症。可区分为"筋痹"、"肌痹"、"骨痹"、"皮痹"等。本症因年老气血亏虚无以煦濡经脉，故皮肤、肌肉干瘪；肝主筋，肾主骨，肝肾亏虚，筋骨失养，故表现筋骨拘急疼痛。因该犬年老体衰，故治疗上只能以缓解疼痛为目的。

3. 针刺对犬椎间盘突出症（IVDD）疼痛症状的观察

临床常见的 IVDD 国际上分为Ⅰ型和Ⅱ型，Ⅰ型（IVDD）多见于软骨发育不良或发育异常的犬，纤维环易破裂，髓核进入髓腔内；Ⅱ型（IVDD）见于老龄，椎间盘纤维退化，环层未完全断裂的患犬，无论Ⅰ型或Ⅱ型主要依椎间盘物质进入髓腔，髓核受压程度的不同而伴有疼痛症状，对此均进行针刺。临床观察结果，针刺对此类疼痛有一定疗效。

①腰椎病

病犬表现了弓腰、夹尾或病位敏感（痛点勿针刺），可选取天门、后六缝等穴针刺，可使患犬相对安静，疗效最佳者可出现嗜睡或进入酣睡状态（图 2-22a 至图 2-22c）。

②颈椎病

病犬表现低头行走，颈部肌肉僵硬、拒按，有时伴有前肢不能负重，针刺选择天门、风池、大椎、前六缝等穴，可使疼痛症状改善。

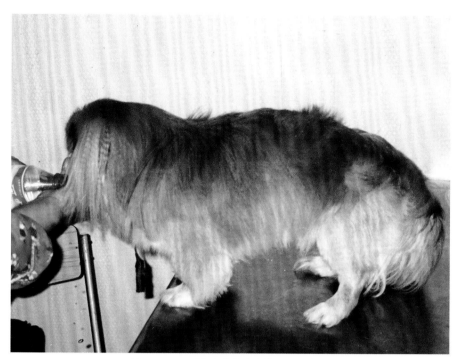

图 2-22a　腰椎病疼痛治疗前弓腰、夹尾

图 2-22b　治疗中睡眠状态

图 2-22c　再见

"不通则痛"这是中医学对产生疼痛病因的总体概括。通过针刺可调整改善经络气血运行不畅的状况，缓解器官组织的紧张、拘紧状态，此为"通则不痛"。曲黎敏教授认为针灸不单是一个物理干涉而是干涉一个能量系统，使能量重新流动舒畅（图 2-23a 至图 2-23d）。

动物实验及临床病例说明针刺可提高机体的痛阈，针刺时也因品种不同、年龄不同及个体的差异对疼痛的耐受力而不同。

小结：针刺可使血液中白细胞增加，白细胞吞噬细菌能力增强，从而加速疾病的痊愈。阎润茗等学者实验表明：将家兔上眼睑形成人工创伤，12h 后伤口形成明显的肿胀，然后针刺大椎穴，24h 后炎症开始消退，32~48h 炎症基本消失，而对照组 3~4 天后炎症仍能明显。

现代研究还发现：针刺穴位时，针的周围会聚集大量的免疫细胞，这也说明针刺对机体免疫的影响，说明针刺与免疫有关。

总之，针刺治疗某一疾病或某一症状的同时，往往带来整体功能的调整和改善，这些是在脑神经支配下由多系统参与完成的。现今在世界领域中，医学工作者不断地探索研究针刺机理，其认识远远超出了上述范畴。

图 2-23a　颈椎病低头缩颈

图 2-23b　右前肢不敢负重

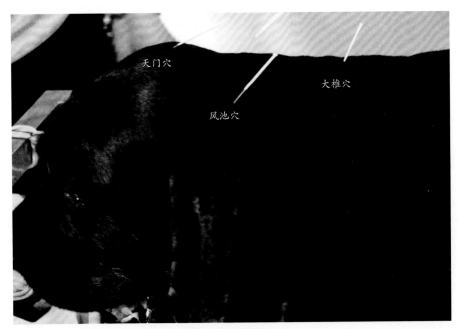

图 2-23c　针灸中

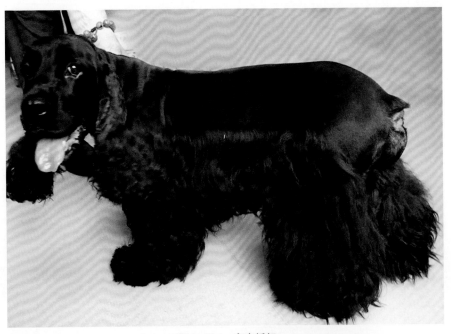

图 2-23d　疼痛缓解

03 水针疗法

Aqua Acupuncture Therapy

章节

　　穴位注射疗法是针刺与药物相结合的一种疗法。此法是在俞穴、经络上适量注射液体药物，以治疗各种疾病。穴位注射疗法的优势在于通过针刺的物理刺激和药物的药理作用，二者互相协调，从而调整机体的机能，改变病理状态，达到治病目的。

　　穴位注射疗法一般用注射液制剂，故有人将这种疗法称"水针"。临床常用的有维生素、抗生素局部麻醉药、糖皮质激素类及某些中成药制剂。临床可根据不同病症，选用1~2种配合使用。

　　穴位注射疗法具有用药量小，作用快的优势，每穴用药量为肌肉注射或皮下注射用药量的1/20~1/5，用药的剂量远远没达到静注或肌肉或皮下注射的剂量，但总药量不得超过规定的用药总量。

　　本法具有针效、药效叠加效应，可使"穴位"的临床疗效得到提高。周爱玲等学者研究证明：穴位注射具有确定的穴位特异性、俞穴点注射比非经络、非穴点注射的药效更明显（图3-1）。

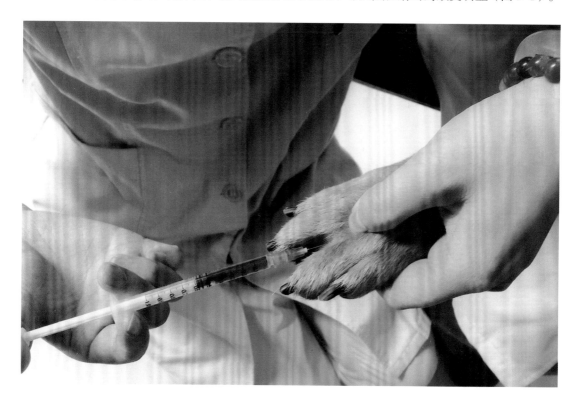

图3-1　水针治疗（六缝穴）犬指神经麻痹

一、注射部位、操作方法、注意事项

根据治疗需要选择适宜的注射部位。

（1）穴位注射：应按毫针的进针方法进针。

（2）痛点外注射：犬猫对疼痛敏感，水针应注射痛点旁的组织中。

（3）选用注射的药物应考虑浓度、pH值、剂量、致敏、选穴的准确性、注射针头之型号等因素，否则易引起不良反应。

二、临床常用药物的列举

（1）维生素 B_1 注射液：人工合成的盐酸硫胺，能促进正常的糖代谢，是维持神经传导、心脏和胃肠道正常功能所必需的物质；为神经炎和消化不良的辅助用药。

（2）维生素 B_{12} 注射液：是一种含钴的化合物，为促进动物生长发育、增强造血功能、促进上皮细胞生长及维持神经髓鞘完整性所必需的物质，常和维生素 B_1 配合使用，用于神经炎、贫血及消化不良等症。

（3）复合维生素 B 注射液：含维生素 B_1、维生素 B_2、维生素 B_6、烟酰胺、右旋泛酸钠。用于多发性神经炎、消化障碍等。

（4）中药制剂，如当归的提取物，有振奋和疏通经络，调整脏腑功能等作用，可使针感增强、且持续时间较长。

（5）局部麻醉药，可阻断由患部神经向中枢传导的不良刺激，消除疼痛并使局部血管扩张，有利于改善局部组织的血液循环。常用于炎症、溃疡等。

（6）地塞米松注射液，为肾上腺皮质激素类药物，可降低畜体对外环境刺激的敏感性，有抗炎、抗毒素、抗休克等作用，用于各种炎症，一般与抗生素联合应用。

（7）氨苄西林，为抗生素中最常用的首选药，用于扭伤、闪伤、组织炎症、溃疡等。

以上水针可依据病情轻重，调整注射日期，用量亦可依据穴位的解剖特点进行增减。

三、案例

医案1

使用复合维生素 B 注射液进行非穴位注射，治疗犬疑似会阴神经麻痹。

【品种】博美犬　性别：母　年龄：12岁　体重：3.5kg

【病史】该犬2周前因车祸导致荐尾骨折，经治疗骨折部位已痊愈，但排尿困难。（图3-2至图3-5）

【检查】患犬体况良好，每次排尿下蹲，尿意感强，但排不出，需人工按压膀胱才行，此情况已月余。

【治疗】臀部两侧皮下注射复合维生素 B 注射液，每侧 0.2mL，每天 2 次；口服甲钴铵片，每天 0.1mg。

【疗效】10 天后由能排少量尿液，逐渐恢复正常。

【案语】患犬体格健壮，气血运行滑利，药液易于布散。故采用水针非穴位注射。臀部皮下注射即避开伤其神经干之弊，又达到水针之疗效。

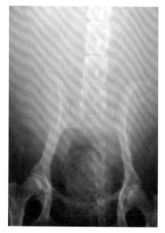

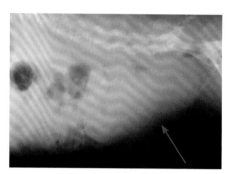

图 3-4　尿液涨满的膀胱

图 3-2　荐尾骨折治疗前　　　图 3-3　骨折痊愈

图 3-5　治疗中

医案 2

台湾李卫民教授报道：使用复合维生素 B 注射液进行穴位注射治疗二例眼压低的病犬，取得好疗效。犬 A，13 岁，体重 13kg；犬 B，12 岁，体重 12.6kg。治疗前犬 A 眼压为 6mm 汞柱，犬 B 眼压为 8mm 汞柱；每 2 星期治疗一次，每穴用复合维生素 B 0.1mL 进行穴位注射，穴位为睛明、攒竹、丝竹空、承泣、四白、肝俞、太冲穴。在以后的治疗中，随着治疗次数的增加，眼压也逐渐增加至正常。10 个月后，犬 A 两眼的眼压分别为 14mm 汞柱和 11mm 汞柱；犬 B 的眼压分别为 20mm 汞柱和 23mm 汞柱，均有显著改善（图 3-6 至图 3-8）。

本病在针刺穴位中，除眼部的穴位外，还选择了肝俞和太冲穴。肝俞为肝在背部的俞穴；肝开窍于目，太冲为厥阴肝经在四肢的穴位，此为远近穴位配伍，提升了治疗眼疾之疗效。

该案例给我们在眼疾的治疗上开拓了新的思路和启示。

今后随着新产品的问世，经临床实践将不断有疗效更好的注射剂应用到水针疗法中去。

水针疗法在临床上可酌情和针灸、按摩三者相互选择性地结合，以提高疗效。

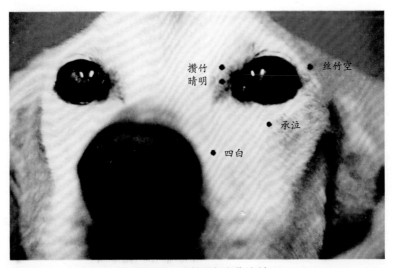

图 3-6　水针眼部穴位注射

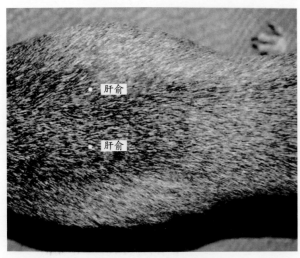

图 3-7　水针肝俞穴注射

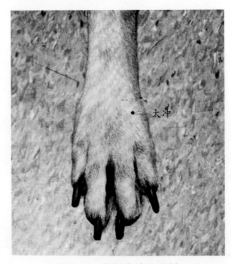

图 3-8　水针太冲穴注射

氦氖激光疗法

He-Ne Laser Therapy

临床常用的激光器，包括二氧化碳（CO_2）激光器、半导体激光器和氦氖（He-Ne）激光器等，本章主要介绍利用氦氖激光器治疗犬猫疾病。

氦氖激光疗法是用氦氖激光来代替传统针灸刺激穴位的治疗方法。1966年匈牙利Mester提出了He-Ne激光的生物刺激作用，并把激光柱比似为一根光针刺入机体称激光针（laser acupuncture），这种方法又称激光针疗法（图4-1）。

激光最初起取自英文（Light Amplification by stimulated Emission of Radiation）。1964年按照中国科学家钱学森建议改称"激光"。He-Ne激光属低强度激光。近年来，医学界研究表明，波长在600~1300nm激光对组织有较深的穿透度，临床所选用的波长632.8nm，处于"治疗窗口"（图4-2）。

氦氖激光是He-Ne离子在真空管内受高压电激发到高能态，然后返回到低能态释放出能量，从而起到治疗作用。

一、激光的镇痛效应

（一）实验研究

中国农业大学动物医学院中兽医教研组在继"针刺对痛阈的影响"课题研究之后，又用了8年时间，相继（1979-1987年）进行了"激光针对痛阈影响及机理研究"等新的领域。

图4-1　He-Ne激光针

氦氖激光

红色可见光　波长 **632.8nm**

功率 **20~30mW**

图4-2

1.用 2mW、6mW、20mW 功率的激光（图 4-3），先后共用 720 只不同科、属动物，分别照射抢风、百会、后三里、寸子等穴位。实验结果：痛阈值均有显著提高（图 4-4）。

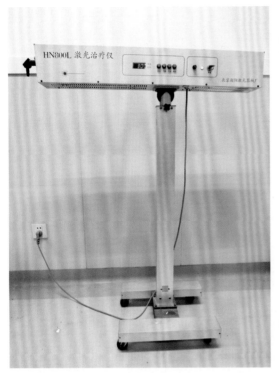

激光器 20mW   激光器 30mW   激光器 6mW（1979 年）

图 4-3　激光器

图 4-4　激光照射穴位提高痛阈值

犬百会穴激光照后痛阈值提高为 138%。

家兔后三里穴激光照后痛阈值提高为 178.6%。

家兔抢风穴激光照后痛阈值提高 169.5%。

猪后三里激光照后痛阈值提高为 178.4%。

绵羊寸子穴激光照后痛阈值提高为 177.4%。

大白鼠百会穴激光照后痛阈值提高为 160.9%。

2. 进行了激光针配合传统针刺对家兔痛阈影响试验；祝建新先生用 2~3 月龄的青紫蓝（chinchlla）家兔，体重 1.5~2.7kg，随机分为四组，分别用注射针头刺入后三里穴组、传统针刺百会组、激光针刺激后三里穴组、激光针刺后三里配合传统针刺百会穴组。结果显示激光针与传统针刺对提高家兔的镇痛作用，优于其中任何一种方法的单独使用，说明对疼痛有叠加作用（图 4-5）。

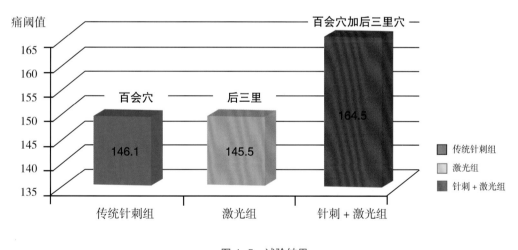

图 4-5 试验结果

3. 对痛阈机理的研究：试验证明动物痛阈的提高与内啡肽、5- 羟色胺以及乙酰胆碱能神经元释放神经介质有关，三者在镇痛中可能存在协同作用。试验还表明 L- 色氨酸、D- 苯丙酸氨，乙酰胆碱以及胰岛素分别对动物激光穴位照射痛阈值的提高有加强作用。

4. 小鼠实验中，在痛阈提高基础上，注入吗啡阻断剂纳洛酮后，有明显的翻转镇痛效应。

5. 丁爱华等研究指出，氦氖激光在微循障碍动物模型上进行穴位照射，可明显加快血流速度。

（二）临床医案

激光照射不具侵入性，对犬猫疼痛部位可进行无痛苦的治疗，解决了中医"以痛为俞"的治疗难点，尤其是对老、幼、弱及易兴奋的犬猫经激光照射达到安全和满意疗效。

医案 1

肛周肿瘤

【品种】马尔吉斯犬　性别：公　年龄：10 岁

【病史】发现肛周肿瘤数月，因影响排便，要求手术（图 4-6a 至图 4-6d）。

【治疗与疗效】经检查符合手术条件，于是进行手术治疗，术后因疼痛，终日躁动不安，尤其排便时痛苦呻吟。激光照射伤口后，患犬开始安静并深睡，10 天后伤口愈合拆线。

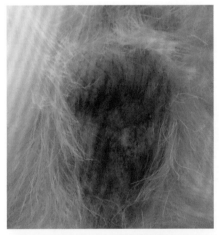
图 4-6a　肛周肿瘤术前

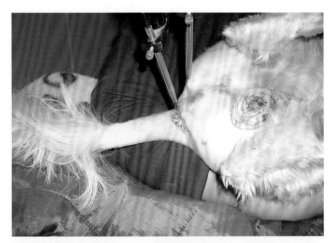
图 4-6b　激光照射伤口

图 4-6c　激光照射 5min 后深睡

图 4-6d　10 天伤口愈合

医案 2

股四头肌损伤

【品种】哈士奇犬　性别：公　年龄：4岁

【病史】因外力引起，表现右后肢跛行，用趾背着地，行走时呈前方短步，触诊股四头肌敏感；血检磷酸肌酸肌酶升高。诊断为股四头肌伴腓神经麻痹（图4-7a至图4-7c）。

【治疗与疗效】激光照射股四头肌疼痛部位，辅以针灸及药物治疗，16天后基本痊愈。

图 4-7a　趾背着地

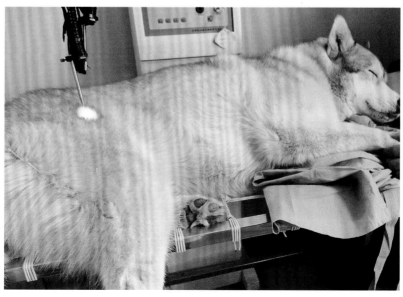

图 4-7b　激光照射股四头肌

图 4-7c　痊愈

医案 3

幼獒腰伤

【品种】藏獒犬　性别：公　年龄：40 日龄

【病史】该犬活泼好动，满月时跑到另一产房，吃正在哺乳的另一藏獒妈妈的奶，这位藏獒妈妈认出不是自己的孩子，于是用嘴叼住小藏獒的腰部扔了出去。10 余天来一直表现吃奶少，尿淋漓不尽，消瘦，不能行走（图 4-8a 至图 4-8e）。

图 4-8a　卧地不起

图 4-8b　两后肢交叉

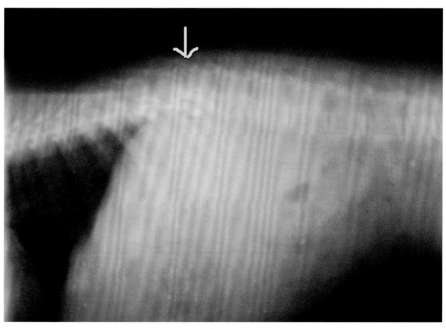

图 4-8c　胸腰椎结合处异常

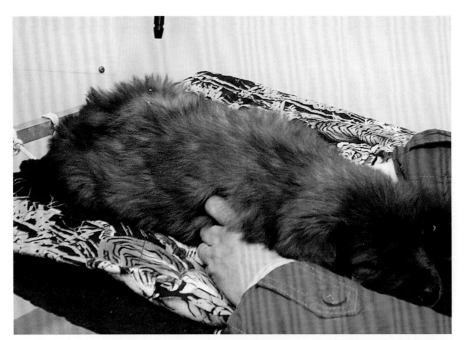

图 4-8d　激光腰部照射

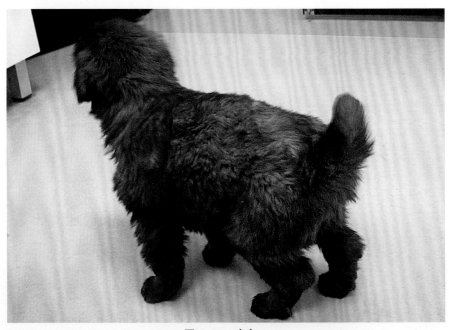

图 4-8e　痊愈

【治疗与疗效】患犬两后肢交叉站立，腰触诊呻吟，X 线片显示无骨折、激光照射患部，并给予消炎及神经营养药，一周后能站立行走。

医案4

一例Ⅱ型颈椎病的治疗

【品种】斗牛犬　性别：公　年龄：3.5岁

【病史】最爱吃肉，平日以肉为主食，性格倔强，喜欢打斗。

【检查】缩颈、触之颈肌强硬、发热、不时惨叫，右前肢呈挠神经麻痹样，完全不能行走（图4-9a），X光线影像 C_4—C_5 狭窄，C_5—C_6 增生（图4-9b）。

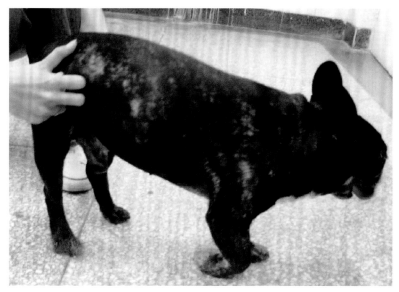

图4-9a　患病中

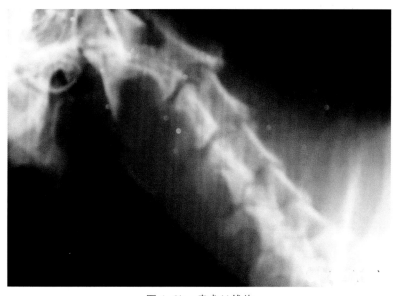

图4-9b　患犬X线片

【治疗】初诊：内科疗法给予止痛消炎药（图4-9c）。

复诊：疼痛状减轻，颈肌稍松软，右前肢仍不能负重。

（1）痛点激光照射。

（2）针刺天门、风府、大椎、抢风、前三里、前六缝穴。

（3）口服甲钴铵 0.5mg，每日一次。

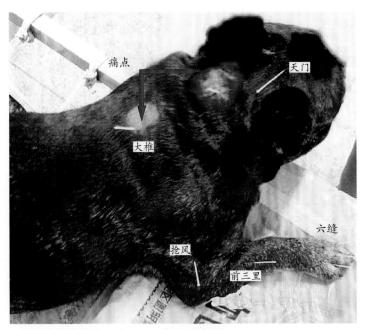

图 4-9c　痛点及照射的穴位

【疗效】治疗15天，右前肢勉强负重并能缓慢行走1~2步。改为每周治疗一次，并建议主人每天按摩针刺的穴位（图4-9d，图4-9e）。

第21天已能慢跑，逐渐恢复正常行走，嘱主人改善不合理的饮食结构。

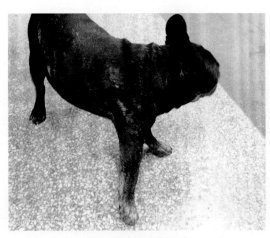

图 4-9d　治疗后好转

图 4-9e　恢复正常行走

【案语】斗牛犬属骨骼肌肉遗传病之Ⅱ型IVDD的易患品种，其椎间盘退变，颈椎骨质增生，韧带及关节囊退变，肥厚等病变刺激或压迫颈神经、脊髓或周围软组织而引起的综合症候群。这与古代文献所说"痹症""眩晕""颈项痛"等病症有关。

此病由各种原因导致的经络阻滞，气血运行不畅引起。

本病针刺风府穴，此穴为督脉入脑处；针刺大椎穴，此穴位于督脉之脉道上，根据"经脉所过，主治所及"的原则，取风府，大椎用以通督脉、行气活血；针六缝为远道取穴，疗痛止痹；配以激光照射，使经络通畅，气血调和而病除。

激光结合针刺治疗颈椎病有一定疗效，适用于颈椎退变过程中的颈椎失稳期和骨鳌刺激期，在治疗中需采用综合治疗措施，依据西医诊断分型，中医辨证施治，这对提高疗效很有意义。

医案5

激光照射痛点和照射督脉治疗腰椎病（IVDD）的疗效观察。

陈书琳学者经2年临床观察，对符合IVDD的3+4级病犬进行诊治先后共57例，分为：

①激光加针刺组共29例。

②针刺组28例。激光＋针刺组在犬腰部选2个照射点：一是痛点，另为督脉上随意选择一点；针刺组在腰部督脉上只进行穴位针刺。其他选穴均相同，如胸腰夹脊穴、后跟穴、六缝穴、尿潴留时加肾俞、膀胱俞等（图4-10）。

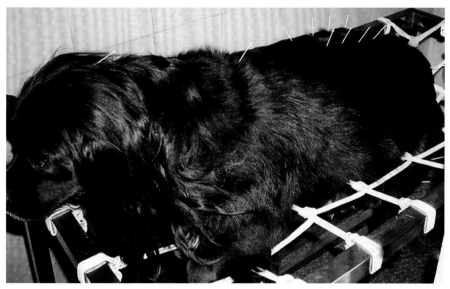

图4-10 激光＋针刺组

结果如下：（IVDD）表现的临床症状：如后肢趾深度痛觉、排尿障碍，恢复自力行走能力，进行观察比较并进行分数评估，结果如下：激光加针刺组总有效率为87.5%，针刺组为80%。经统计两组疗法疗效没有显著差异，都有良好治疗作用。

在实验中加入（IVDD）5级重症统计，激光加针刺组总有效率为82.76%，针刺组有效率为60.71%。这一实验提示在第5级激光＋针刺时远期疗效高于针刺组。

【案语】临床治疗中所选夹脊穴，恰是督脉与膀胱经经气外延重叠覆盖之处，夹脊穴于此联络沟通二脉，起到两经的整合作用。激光照射督脉，配合针刺夹脊穴发挥了二者的双重作用，消除无菌性炎症和水肿，激光照射痛点使腰部及后肢经络通畅，疼痛缓解，对肢体功能活动同时起到调整修复作用。

局部解剖表明：夹脊穴所在位置均有相应椎骨下方发出的脊神经分布，针刺腰夹脊穴也体现了针灸理论和西医解剖学的神经节段理论互通的机制。

天门、大椎、后跟、后六缝等远近配穴治疗，注重了局部与整体的关系，因而有较好疗效。

腰椎间盘所引起的尿潴留，以针刺肾俞、膀胱俞为首选穴位，阎润茗等学者通过110例家兔实验观察：证明针刺膀胱俞，能引起膀胱收缩，内压增加；针刺肾俞时则引起膀胱扩张，内压下降，从而排尿正常。

二、激光的防御效应及对胃肠机能的影响

（一）实验研究

激光具有激发动物体防御效应的作用，许多学者指出，激光不仅能提高动物的细胞免疫功能，而且还能提高体液的免疫功能。

1. 中国农业大学中兽医教研组，在内蒙古牧区进行实验：对患羔羊下痢的1822头羔羊，经病原分离、鉴定主要为O_{20}、O_{100}、O_{147}3个O抗原组的致病性大肠杆菌感染，照射后海穴，有效率为80%；同时对人工接种以及羊场未发病的羔羊进行自然发病预防性的激光照射，通过抗体效率测定，激光照射穴位组均高于对照组（图4-11）。

图4-11　实验羔羊

2. 激光具有调节胃肠运动和促进消化的功能。氦氖激光照射绵羊后海穴可使瘤胃蠕动增加或痉挛性蠕动得到改善。而对正常的瘤胃蠕动影响不明显，但唾液分泌增加；CO_2激光照射家兔脾俞穴，可见迷走神经背侧支电位值明显增强，肠蠕动加快和波幅增大。

（二）临床医案

激光照射除犬猫眼部外，均无禁穴。对实施针灸术困难的穴位，如皮肤浅薄的腹部更适宜。

医案 1

犬细小病毒康复期的治疗

【品种】藏獒犬　性别：母　年龄：3 月龄

【病史】父母是优秀的藏獒犬，为一个寺庙的活佛护院，有一天一只耗牛误入主人家，被它的父母咬死。这只小藏獒是从海拔 5200 米高原，耗时 7 天，乘车来到北京的，3 天后来医院就诊。确诊为犬细小病毒病，治疗 5 天，各项指标均正常。直到第 10 天仍滴水不进，也不吃食，并拒绝一切用药，甚至输液也反抗，使医者无法施术。

【检查】体温 38.2℃，精神状态良好，血检各项指标均正常，生命体征很好。

注：这只藏獒犬的生命力及抗病力令人感到惊讶。

【治疗及疗效】激光照射中脘、神阙、关元穴（图 4-12a）照射时间 60min，每天 1 次，连续照射 2 天。第 3 天不断喝水和排尿，激光照射脾俞穴（双侧）（图 4-12b）照射时间 60min。第 4 天已有食欲，想吃新鲜牛肉。

另外，临床病例对急性胃炎（图 4-13）、慢性腹泻症（图 4-14a，图 4-14b）等辅以激光照射中脘、天枢、后海等穴均有好的疗效。

任明姬等用 He-Ne 激光照射小鼠神阙穴 10 天，小鼠腹腔巨噬细胞对白色念珠菌的吞噬率，吞噬指数等均有提高，同时腹腔巨噬细胞超微结构呈活化状态。

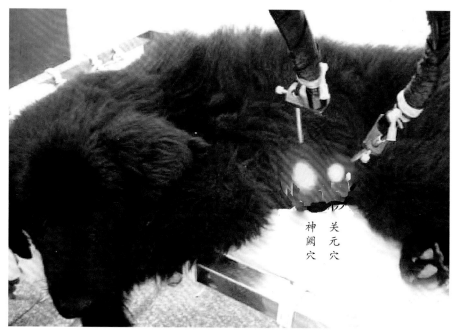

神阙穴　关元穴

图 4-12a　激光照射穴位

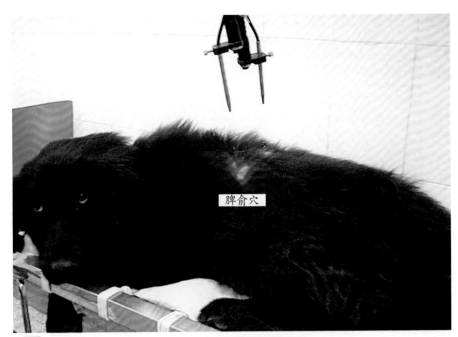

图 4-12b　激光照射脾俞穴

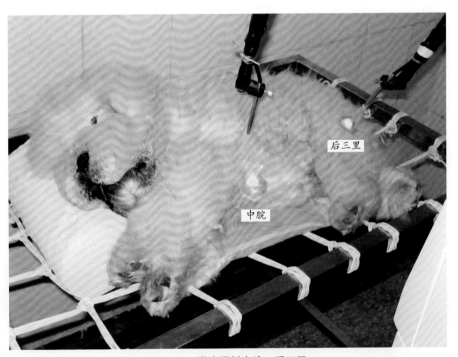

图 4-13　激光照射中脘、后三里

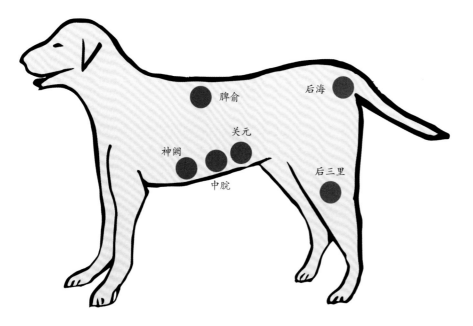

图 4-14a　胃肠功能紊乱照射部位示意图

图 4-14b　激光照射后海穴位

三、激光对神经传导的调节作用

激光对神经传导有良好的调节作用，现以临床病例予以阐明。

医案 1

疑似猫多发性神经炎

【品种】美国短毛猫　性别：母　年龄：1 岁

【病史】这只猫为朋友赠送，在家胆小怕声音，一个月后逐渐发病。

【检查】匍匐趴地，四肢无力，呈伸展状，肌肉松弛，不能挪动和起立，四肢及全身触诊异常敏感，表现皮肤被毛不断颤动，其他无异常现象。（主人不愿作脊髓穿刺等检查）（图 4-15a 至图 4-15e）

图 4-15a　治疗前

图 4-15b　治疗中

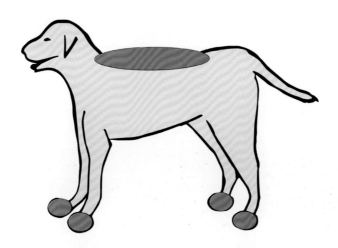

图 4-15c　激光照射六缝穴和督脉示意图

治疗一周后

图 4-15d　痊愈（视频）　　　　图 4-15e　一年后追访

【治疗】

①内科疗法。

②激光照射督脉（每次治疗任选二穴）和六缝穴。

③维生素 B_1 注射液 10mg，维生素 B_{12} 注射液 0.1mg，皮下注射。

【疗效】复诊：连续治疗 3 天后，四肢已能挪动，治疗 1 周后，能自主翻身，弓腰行走，但走路不稳，改为每周治疗 2 次，继续激光照射并口服甲钴铵，每日 0.1mg，第 4 周食欲增加，恢复往日的活泼，行走有时还表现轻度弓腰，继续服药甲钴铵，回家按摩调养，按摩神聪穴位，提拿脊背部。

【案语】多发性神经炎是因应激、营养缺乏及代谢障碍引起的躯体及四肢出现感觉障碍（异常敏感或迟顿）、运动障碍的一种疾病。临床治疗表明，激光照射对神经传导有良好的调整作用；维生素 B_1，维持神经传导，维生素 B_{12} 是维持神经髓鞘的完整性所必需的物质。甲钴铵促进神经轴突再生和神经元髓鞘再生。

传统医学认为该病属"痿证"范畴，由外因或内外因合邪导致气血津精不足，痹阻脉络而使肢体筋脉失养所致。

医案 2

疑老年痴呆症

【品种】西施犬　性别：母　年龄：15 岁　体重：4.5kg

【病史】患犬每天凌晨 3~4 时高喊，持续 1h 左右，主人无法休息，影响了工作，近 2 个月，主人每天晚上喂服苯巴比妥 15~30mg。吃食、大小便尚好。（图 4-16a，图 4-16b）

图 4-16a　犬老年痴呆

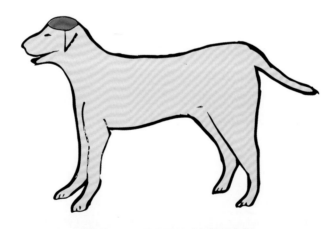

图 4-16b　激光照射头额部示意图

【检查】患犬双目失明，卧地不爱起立，四肢关节屈伸不灵活。听力很差，体况中下等，生化及血检基本正常。

【治疗】

①激光照射头额部，每周 2 次。

②口服营养膏。

【疗效】2 个月后，主人告之，叫喊的时间变短，声音小些，喂服苯巴比妥减为半量，随着治疗时间加长，用药量逐渐减少，2.5 个月后，喊叫停止。半年后主人告知，该犬整体精神状态也随之好转。

【案语】激光照射头额部，此处有天门穴和神聪穴，此二穴是传统医学治疗神智异常的经验穴，有安神功效，另外补充维生素、微量元素等对该病也起到积极的治疗作用。

刘伟学者（2003 年），用氦氖激光照射新生缺血、缺氧性脑损伤小鼠的百会、大椎两穴，经脑组织的免疫化学染色等试验表明，激光穴位照射可明显提高脑神经细胞的活性。

临床病案和试验研究表明氦氖激光对脑神经系统的康复有调控、活化作用。

四、疗伤作用

激光有很好的疗伤作用。He-Ne 激光不直接接触皮毛、肌肉，不会造成皮肤损伤和痛感，对破损的皮肤、黏膜及敏感的个体均适用。

医案 1

肛周炎

【品种】长毛普通猫　性别：母　年龄：2 岁

【病史】由养猫基地送来，患肛周炎已 2 周。用外用药治疗均过敏，愈发严重，食欲良好（图 4-17a，图 4-17b）。

 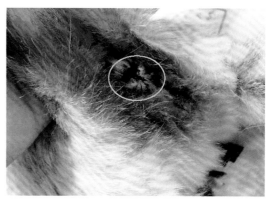

图 4-17a　肛周炎　　　　　　　　　　　　　图 4-17b　治疗次日

【检查】肛门周围组织红肿，触之灼热，其红肿范围约2cm，肛门紧缩。患猫凶恶，不断啃咬，并不时以肛门蹭地。

【治疗与疗效】

激光照射肛门60min，次日痊愈。

医案 2

骨折

【品种】泰迪犬 性别：公 年龄：7月龄 体重：3kg

【病史】2天前出现跛行，在其他医院给予消炎止痛药，未见好转（图4-18a至图4-18e）。

图4-18a 左后肢跛行

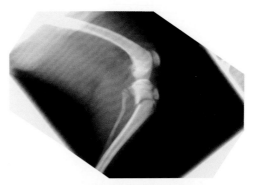

图4-18b 患犬X线片检查

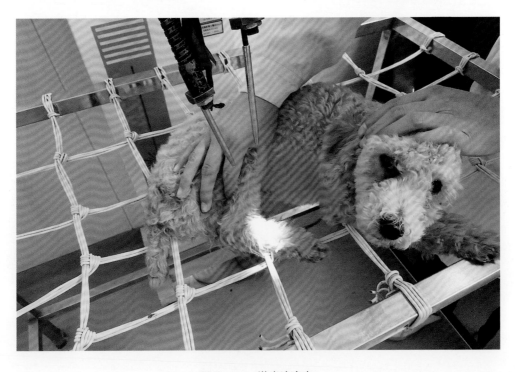

图4-18c 激光治疗中

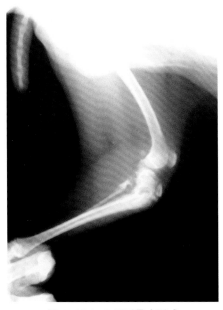

图 4-18d　3 周后骨痂形成

图 4-18e　2 个月后追访活泼好动

【检查】左后肢不能着地行走，右后肢蹲行，X 线平片显示：左后肢腓骨骨折，胫骨近端内侧位骨折，住院治疗。

【治疗与疗效】激光照射骨折部位，每天 1 次，每次 30min；另外除大小便均在笼中休息。一周后 X 线片显示已有小骨痂生长，改为每 3 天照激光 1 次，3 周后骨痂已长好，左后肢能正常行走，但稍走远一些，仍出现跛行。嘱回家休养。2 个月后追访已恢复往日的活泼好动。

【案语】He-Ne 激光对皮肤、黏膜的破损、久不愈合的创伤及四肢肌肉损伤等内伤、外伤均有较好疗效。当然这种低功率激光照射炎症性疾病，其消炎作用不是靠对细菌的直接杀灭作用，而是取决于低功率对组织的生物刺激所引起的生物效应。

经临床观察，激光还具有镇静作用。几乎所有患病犬猫在接受激光照射后都逐渐处于安静的状态（图 4-19）。

随着激光在临床的广泛应用，医学界对激光的研究在不断深入研究探讨，从物理机理、激光的热效应、压强效应、光化学效应、电磁场效应，再到生物机理；从小到分子调控，大到器官调节等方面，尚需要深入研究、实践和认识。

应用激光疗法的注意事项：①氦氖激光发出的光是最亮的，使用时应佩戴防护镜以保护眼睛不受伤害。②照射部位勿用化学药品，以免产生光敏效应。

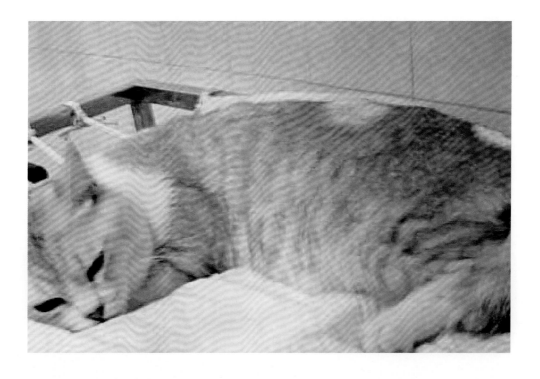

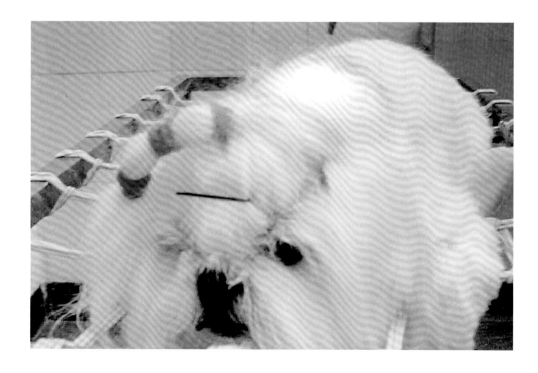

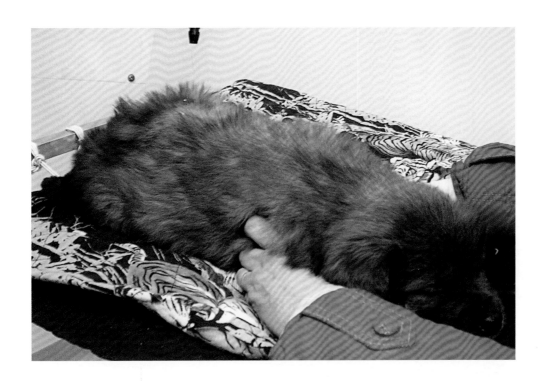

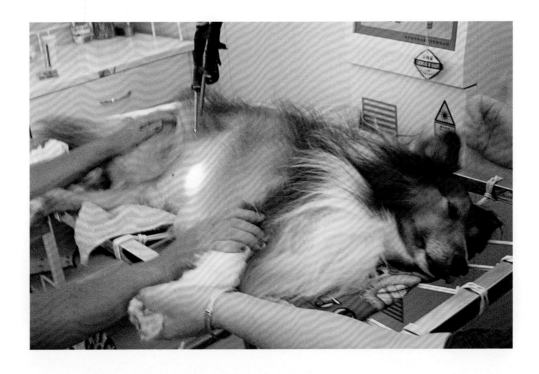

图 4-19　激光的镇静效应

05 犬猫按摩疗法

Massage of Dog and Cat

一、概说

推拿按摩是中医古老的防病治病的一种方法，是传统医学的重要组成部分，至今已有1100余年历史。推拿按摩现已成为一门独立的学科，随着人们对疾病的认识，其手法，技巧、理论阐述，实验研究等多方面正在不断完善和日趋成熟，这给在犬猫保健和治病上开展按摩疗法提供了很好的借鉴。

有关对动物按摩，早在公元300年我国晋代《肘后备急方》古书中记载了马结症治疗采用"用木腹下来去擦"法。

在过去以马拉车、牛耕地为主进行耕种的年代里，当家畜一旦患了某些疾病，例如吃了草以后出现肚胀，在用草药治疗的同时，主人用高粱秆捆成棒，或用短木棒在肚胀部位进行推、按，实际上是借用棒这一工具加大按摩的力度来治疗疾病（图5-1）。

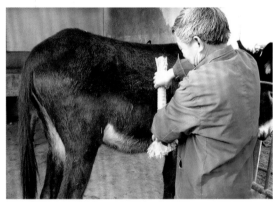
用扫帚把按摩腹部

用木棍按摩腹部

图5-1 旧景回放

犬猫按摩疗法，是宠物医生在犬猫身体上用手作各种技巧的操作。犬猫按摩疗法以传统医学中的经络腧穴学说为理论基础，目的是最大限度地激发畜体经络系统的调整作用，从而改善各组织、器官的不平衡状态，达到辅助治疗疾病和保健的目的。

在临证中，按摩疗法常作为治疗疾病的辅助疗法，和其他疗法相互配合，起到相辅相承作用。

按摩的环境和施术者按摩前的准备：

环境：由于按摩疗法是一种无创伤性的疗法，按摩地点可以选择在诊断台，也可以在主人家中进行，无论何处，以适合宠物医生操作为宜，按摩环境需安静、温馨。

施术者按摩前的准备

施术者首先要把双手搓热，保持双手温暖，同时要精神集中，全神贯注。施术者在操作时，要根据畜体部位的不同及手法不同，适时调整姿势和移动身体，以保持动作的协调性，同时犬猫也要处于安静状态，施术时，它们的主人应守候协助，同时还应向主人询问犬猫的习性，如：对人是否友好或善于攻击等情况，以作施术时的参考。按摩的操作是有序的。

二、按摩法

（一）摩法

【定义】施术者用拇指指面或者用食指、中指、无名指的指面，或者用掌根或全掌在畜体体表的一定部位作环形而有节奏的抚摩运动。手法要点：即回旋手法，指顺时针方向和逆时针方向。根据动物按摩部位的面积大小，又分别称指摩、掌根摩、掌摩（图5-2）。

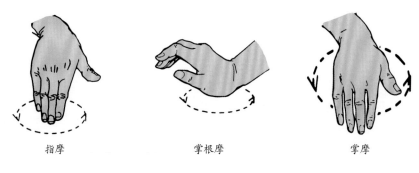

指摩   掌根摩   掌摩

图5-2　摩法示意图

【施术要领】

1. 用力要轻揉和缓。

2. 手和动物体表相对摩擦，不可带动皮下组织。

3. 环旋速度以适度为宜。

【施术部位】

（1）头区：解剖学定位为头额部，包括额前部、额顶部、额后部，该区分布有印堂、神聪、天门、风池四个穴位。神聪穴位于印堂、天门穴连线中点的前、后、左、右四点处（图5-3a）。

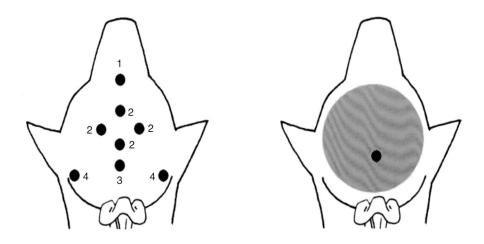

图5-3a 头区及穴位、印堂、神聪、天门、风池示意图

1.印堂 2.神聪
3.天门 4.风池

【功效和应用】对调节大脑皮层功能活动有辅助治疗作用；如应激症的辅助治疗、老年脑萎缩的辅助治疗、癫痫轻症的辅助治疗及脑病康复期的恢复（图5-3b）。

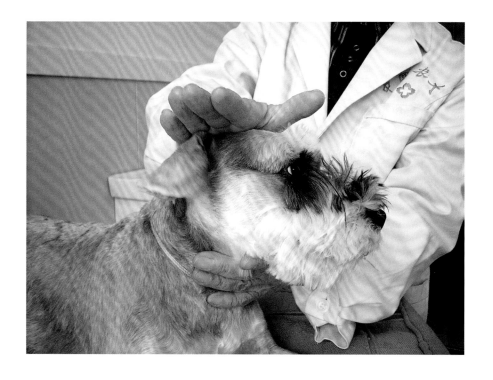

图 5-3b　掌摩头区

刘焕荣等学者通过临床研究证明：大脑皮层的功能与相应的头皮有关，点刺头区能改善脑部微循环，可使毛细血管扩张，血流速度加快，有利于局部新陈代射和致病物质的清除。此外，医者作了下面试验：室内取四只普通成年猫，按摩头区 5min，然后用红外额温计测得头区平均温度升高 2.7℃（室温为 23℃）。

（2）腹区：解剖学定位以脐为中心的下腹部，腹区的解剖部位；前为胸骨后缘，后至耻骨前，该区分布有中脘、天枢、神阙、关元四个穴（图 5-4a）。

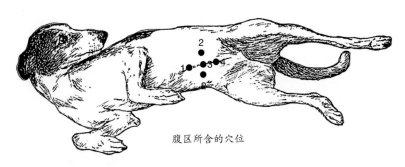

腹区所含的穴位

1. 中脘　2. 天枢　3. 神阙（肚脐）　4. 关元

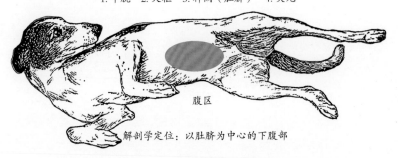

腹区

解剖学定位：以肚脐为中心的下腹部

图 5-4a　腹区及穴位示意图

【功效和应用】调节胃肠功能。用于腹泻、呕吐等胃肠功能紊乱症，尤其是用于幼龄犬猫（图 5-4b）。

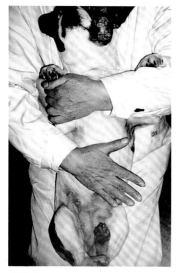

掌根摩法

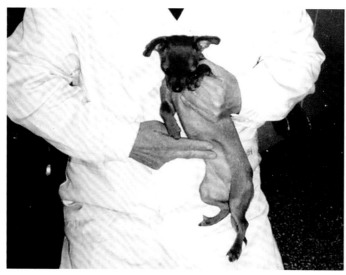

手指按摩腹部

图 5-4b　腹部按摩应用

在手法上常和揉法结合，从而使手法力度加大，增强疗效。

（二）揉法

【定义】施术者用指面或掌根在施术部位进行环形平揉运动，这种运动可分指揉（单指揉、双指揉）和掌根揉两种（图 5-5a）。

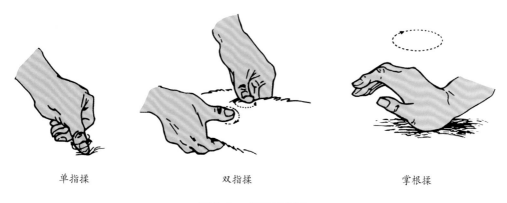

单指揉　　　　　　　　双指揉　　　　　　　　掌根揉

图 5-5a　揉法示意图

【施术要领】（图 5-5b）

1. 施术部位的皮下组织随着指或掌根的揉动其幅度逐渐加大，指和掌根不离开皮肤。

2. 手力要轻揉和缓，在肌肉丰满的部位可加大力度；在肌肉较薄处，如面部可减少力度。

【功效和应用】有活血止痛功效，揉法有利于深部组织的血液循环。

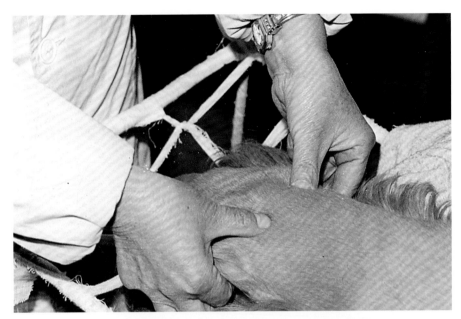

点按膀胱俞

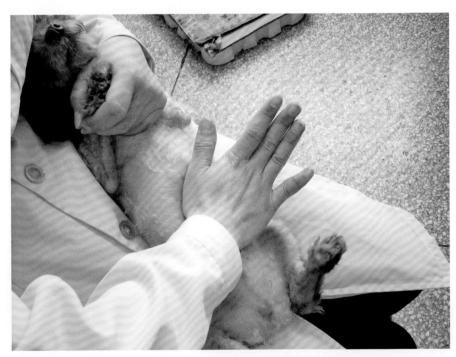

掌根揉腹部

图5-5b　揉法

（三）推法

【定义】施术者用手指指面或手掌掌面在畜体身体的某一部位向一个方向进行直线滑动，分为指推及掌推（图5-6a）。

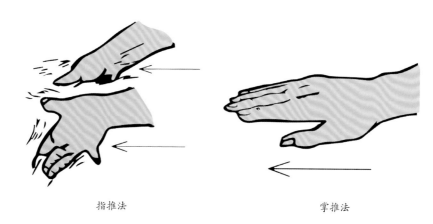

指推法　　　　　　　　　　掌推法

图5-6a　推法示意图

【施术要领】

1. 顺肌纤维方向，顺被毛生长方向施术。

2. 根据速度和着力强弱的不同可分为慢推、快推、可依据病情选择慢推或快推的手法，或慢推与快推结合。

【功能和应用】

慢推：有活血散瘀、解痉止痛功效，可使肌纤维拉长，使紧张拘挛的肌肉放松，从而缓解疼痛。

快推：有疏通气血功效，可加速局部血液循环，增强组织兴奋性（图5-6b）。

图 5-6b 快推按摩

如临床所见：一只混血西施犬，主人每日推、提两耳，按摩头部。13 年来，这只犬虽然已步入老年，主人描述爱犬至今仍耳聪目明，活泼可爱。推二耳与按摩头区结合有通络醒脑之功，使犬耳聪目明（图 5-6c）。

图 5-6c　两耳按摩 13 年

（四）按法

【定义】施术者以拇指指面或中指指面（其余四指屈面）按压体表某一部位（穴位）的一种手法（图5-7a）。

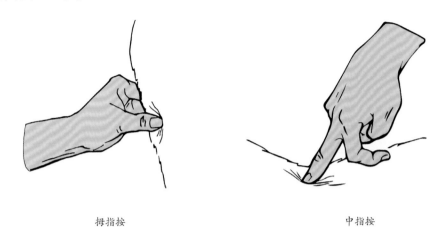

拇指按   中指按

图5-7a 按法示意图

【施术要领】

1.按压方向与体位垂直，力量向下。

2.常与揉法结合，增强疗效（图5-7b、图5-7c）。

【功效和应用】

按法可用于全身经络俞穴，依据病证不同，选取相应的穴位，常和揉法结合，这一疗法又称点穴疗法。由于用手指代替了针灸针故又称指针疗法。

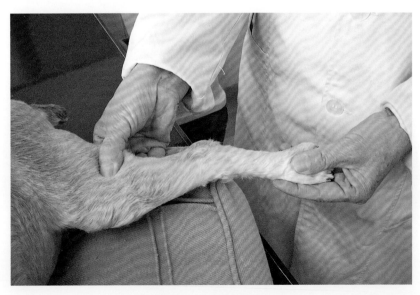

图5-7b 点按阳陵穴

图 5-7c　点按印堂穴

（五）抹法

【定义】施术者用双手的拇指指面或手掌掌面紧贴畜体的皮肤，由躯体中央向两侧作弧形的缓慢移动（图 5-8a）。

【施术要领】（图 5-8b）

1. 手力与速度要对称。

2. 方向要由椎体向两侧展开。

图 5-8a　抹法示意图

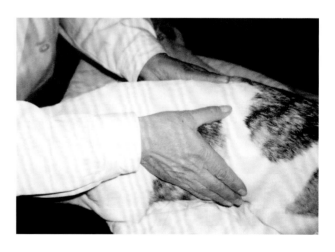

图 5-8b　抹腹部，减轻消化不良引起的肚脐胀满

【功效和应用】

1. 有通经活络功效。如用抹法按摩颈部可缓解颈椎病引起的颈部肌肉僵硬。

2. 有理气宽中功效，常用于消化不良引起的肚腹胀满。

（六）捏法

【定义】捏法有二指捏和五指捏之分；施术者用拇指指面与食指指面对肌肉或穴区进行相对按压，称二指捏；用大拇指指面与其余四指指面对肌肉或穴区进行相对按压，称五指捏。（图5-9a）

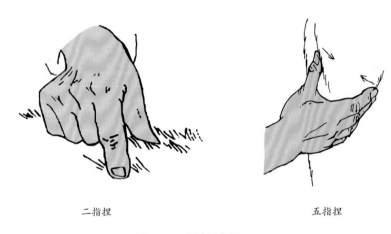

二指捏　　　　　　　　　　　　　　　五指捏

图5-9a　捏法示意图

【施术要领】（图5-9b）

1. 随着肌肉的外形轮廓及肌纤维走向进行。

2. 手力由轻逐渐加重。

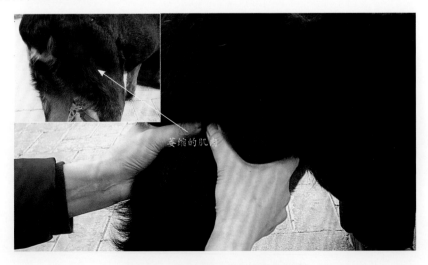

萎缩的肌肉

图5-9b　双手按捏犬后肢萎缩的肌肉

【功效和应用】

捏法有兴奋肌纤维增强神经传导作用，常用于各种原因引起的肌肉萎缩，肌张力下降。

【注意事项】按摩时间过长或用力太过易引起局部瘀血。

（七）擦法

【定义】施术者用手指或全掌掌面紧贴皮肤作直线运动（图5-10a）。

【施术要领】（图5-10b）

1. 手向下的压力要适中。

2. 擦法以产生的热效应为好。

3. 顺着被毛生长方向作直线移动。

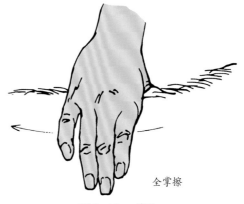

全掌擦

图5-10a　擦法

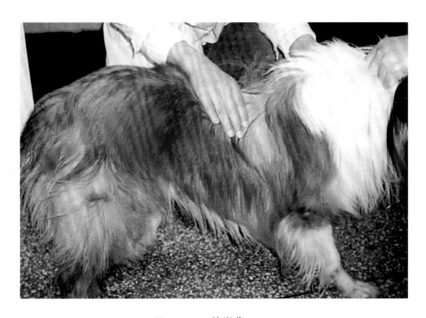

图5-10b　擦脊背

【功效和应用】

有温经通络、疗痹祛寒及保健功效。经常擦脊背，能缓解颈、背、腰肌肉紧张，使其舒展并增强脊柱力量。本法还有振奋阳气功效，可与脚垫按摩等结合用于四肢不温的肢体麻痹病症。

（八）搓法

【定义】施术者用拇指指面或五指指根在病位进行前后或上下擦动（图5-11a）。

【施术要领】

顺着被毛生长方向和逆被毛生长方向反复进行擦动。

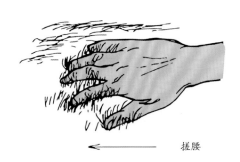 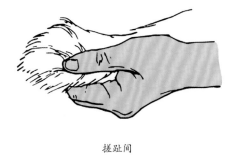

搓腰　　　　　　　　　　　　　　搓趾间

图5-11a　搓法示意图

【功效和应用】

因施术部位不同，疗效亦不同。如：

1.搓六缝穴（图5-11b），力量要揉缓，频率要慢，有疗痹通络及止痛功效。用于肢体麻痹、疼痛疾病。

2.搓腰区（图5-11c），有强腰壮肾功效。可辅助延缓老年犬猫肾萎缩及非器质性病变引起的排尿不畅。

图5-11b　六缝穴　　　　　　　　　图5-11c　搓腰区

（九）犬脚垫按摩

【定义】施术者用大拇指指面在犬脚垫上逐步进行回旋按摩，或用手掌对患肢的全部脚垫进行相对摩擦（图 5-12a）。

【施术要领】（图 5-12b）

1. 根据病情选用前肢或两肢或四肢脚垫同时按摩。

2. 健康犬不宜按摩。

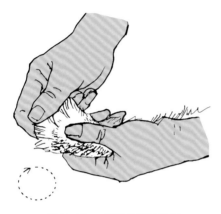

图 5-12a 脚垫按摩示意图

图 5-12b 脚垫按摩

【功效及应用】

按摩脚垫有回阳疗痹功效。

临床实践证明：在对千余例各种原因引起的后躯麻痹病犬进行观察，患病初，脚垫温度冷凉，针刺无感觉，患肢肌肉痿软无力，随着对脚垫的按摩治疗，脚垫逐渐有温热的感觉，同时患肢蹬踏的力量也不断增加。脚垫按摩对病犬病状的改善和痊愈有较明显的辅助治疗作用。

（十）拍法

【定义】施术者用手掌掌面轻轻拍打动物身体某一部位的一种手法（图 5-13a）。

图 5-13a 拍法示意图

【施术要领】（图5-13b）

1.用力轻巧，有弹力。要用虚掌拍打，要有连续性。

2.手力要先轻后重。

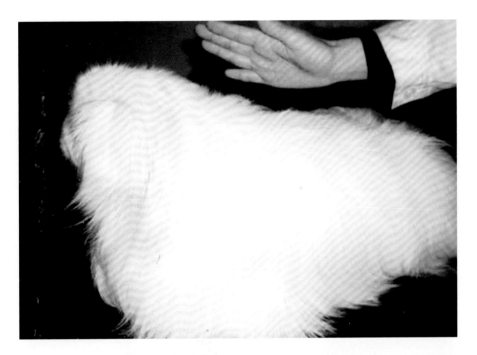

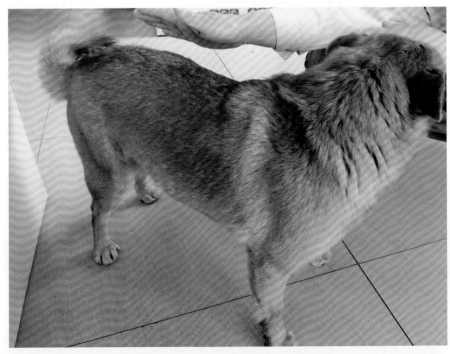

图5-13b　兴奋机体，激发活力，减少应激

【功效及应用】调理气机作用。

【注意事项】如呼吸困难，或因胆小易出现应激反应的犬，此法不适宜，不宜拍打肾区，否则易引起肾充血。

（十一）提拿法

【定义】施术者用手指提拿皮肤的一种手法。分五指提拿和三指提拿（图5-14a）。

五指提拿：用拇指指面及其余四指指面将皮肤提起，尽量将皮肤抓在手中（图5-14b）。

三指提拿：用拇指指面、食指指面和中指指面提拿。

五指法

三指法

图5-14a　提拿法示意图

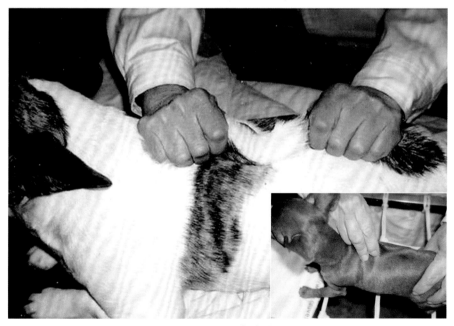

图5-14b　提拿法

【施术要领】

1. 提拿部位：身体最大的器官是皮肤，其表面积最大，全身皮肤最疏松的部位是脊背区，故提拿法主要提拿背部脊椎两侧的皮肤。解剖学定位：脊柱至两侧髂肋肌外缘。

2. 提拿方法：边提皮肤边向前进。

3. 提拿路线：荐部 ⇌ 颈部。

在脊背处有十四经脉中的督脉，督脉上分布有十五个腧穴，督脉旁开有膀胱经，分布有 32 个俞穴（双侧），这些俞穴与脏腑功能密切相关，五脏六腑在体表的反应点都分布在这条经脉上。在督脉和膀胱经这二个经脉之间又分布有夹脊穴，共 40 个俞穴（双侧），所以提拿法涵盖了 87 个穴位，其经气敷布于整个脊背部（图 5-14c）。

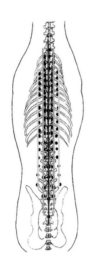

督脉穴（红色）
夹脊穴（绿色）
五脏六腑穴（黄色）

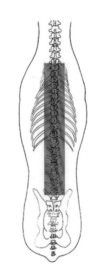

解剖定位：
脊柱至两侧髂肋肌缘

图 5-14c　脊背区示意图

该法施术面积大，据临床百余例 27 个不同品种犬的测算数据表明，施术面积约占胸腔，腹腔总面积的 1/3 左右，施用此法对畜体全身的血液循环，新陈代谢是非常有益的，提拿脊背区可激发和调整脏腑功能，通利关节及全身气血的运行。

【功效和应用】

有健脾、强腰脊、固肾的功效。用于体弱、发育迟缓、腰胯无力、免疫低下等病症的辅助治疗。

动物实验（图 5-14d）

目的：观察提拿法对犬脊背区血液循环的影响。

动物：泰迪犬　性别：公　年龄：3 岁　体重：2kg

地点：中国中医科学院针灸实验室（室温 20℃）。

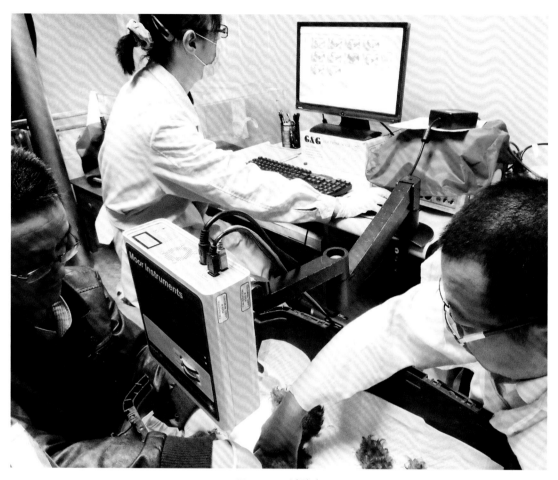

图 5-14d　试验中

方法：局部剃毛，用提拿法由颈部 ←——→ 荐部反复提拿 50 次，用激光散斑血流灌注成像仪进行测试。对提拿前后脊背部血液循环状态进行比较，同时观察对耳血液循环影响（表 5-1）。

表 5-1

	A	B	C	D	E
部位	前对照	推拿后即刻	–	–	–
内耳	270.8	400.2			
部位	前对照	推拿后即刻	推拿后 5min	推拿后 15min	推拿后 20min
脊背部	358.3	301.66	308	1746	403.9

结论：用提拿法按摩脊背区以 15min 血运最好，比推拿前提高 4 倍，同时对耳的血液循环也有影响。这为中医论述的提拿脊背区有鼓舞激发阳气、宣通全身气血提供参考数据（图 5-14e）。

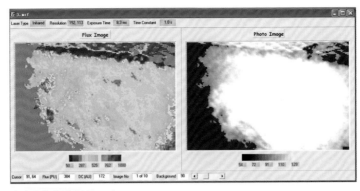

试验前脊背区血运

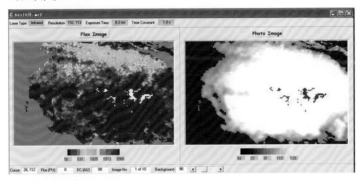

试验后 15min 脊背区血运

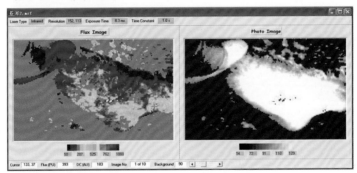

试验前耳血运

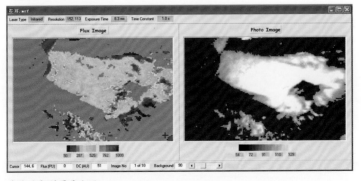

试验后即刻耳朵血运

图 5-14e　实验结果

(十二)梳理按摩法

【定义】主人用梳毛梳对自己的猫咪进行爱抚性的被毛梳理或用十指指面对猫咪进行被毛梳理（图5-15a）。

图 5-15a 梳理按摩法示意图

【施术要领】（图 5-15b）

1. 按摩工具以天然的牛角梳或木梳为宜；齿端必须是圆滑的，切勿尖齿，以免刺伤皮肤。

2. 按摩顺序：头区—耳后区—颈背腰区—下颌区—胸区—腹区。

3. 每周 1~2 次，每次 5min，或酌情而定。

4. 幼犬猫皮肤娇嫩，梳理力度宜小，中老年犬猫在脱毛时应加大梳理力度。

图 5-15b 梳理按摩

【功效及应用】

常用此法可使：

1. 被毛光滑整洁。

2. 幼犬猫：可促进发育，并保持健康。

3. 中老年犬猫：可舒筋活血，延缓衰老。

三、按摩疗法的作用

（1）按摩主要作用于骨骼肌，骨骼肌经反复按压，摩擦可加速局部的血液循环，使局部组织温度提高，紧张的肌肉得到放松；推拿按摩还可提高畜体对疼痛的耐受力，使疼痛减轻。如果肌肉处于痿软状态，长期按摩可提高肌张力。总之，通过对皮肤、肌肉的按摩可反馈性地刺激中枢神经系统，从而改善其损伤组织的功能，消除病理变化，使之趋于正常。

（2）应用各种手法按摩经络、穴区、穴位，对组织器官均起到良性的双向调节作用，使其处于动的平衡态，从而达到防病治病的目的。

（3）犬猫按摩体现了"防重于治"的思想，经临床观察，长期接受按摩的犬猫一般按摩后精神好，食欲有所增加，体质增强，达到了保健目的，充分体现了传统医学"治未病"的防治原则。

（4）针灸、按摩是一家，按摩治病的机理和针灸是一样的，这里不再一一陈述。

（5）按摩疗法禁忌症（图 5-16）

按摩是一种无创伤性的物理疗法，虽然安全，无副作用，但下列病证不宜采用。如：急性传染病、急性炎症、各种原因引起的体质极度虚弱及皮肤病、脑病、肿瘤、水肿、骨折、败血症、孕畜、剧烈运动后、过饥、过饱、以及凶恶的患畜。

对于性情较凶猛的犬猫按摩时应随时注意防范，以保证施术者和动物的安全。

急性炎症、传染病

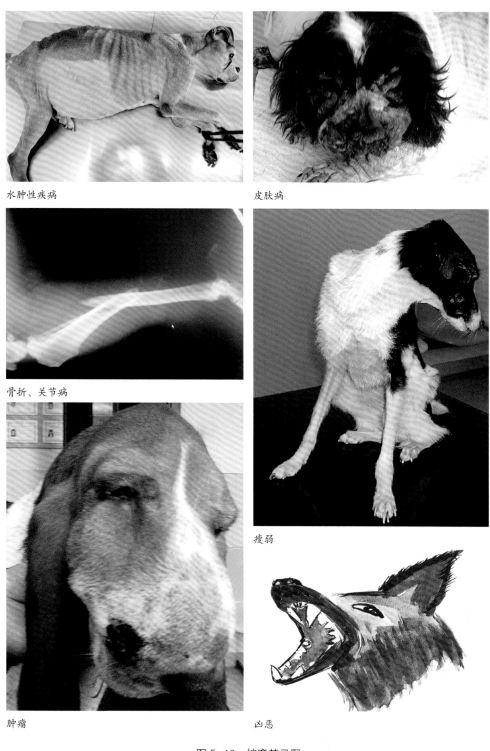

水肿性疾病

皮肤病

骨折、关节病

瘦弱

肿瘤

凶恶

图 5-16 按摩禁忌图

四、按摩疗法注意事项

1. 防病治病中，施术者要依据犬猫的品种、体质、年龄的差异、部位的不同、肌肉的厚薄等采用上述不同按摩手法。无论哪种按摩手法，均以动物体能耐受的程度为限，酌情运用。

2. 按摩疗法在施术时，还要依据具体情况，二法或数法结合，或与针、药结合，相辅相承以达到较好的疗效。

对施术者的要求：首先施术者要有很好的身体素质和心理素质。在按摩手法上要有一定的力度、灵活性和持久性。平日应注意锻炼自己的腕力、掌力和指力，这就需要长期、刻苦的锻炼。在施术时要做到手法有力，柔和、均匀而又持久。力求达到"法从手出，手随心转"的意境。

结语：按摩是我们对动物关爱的表达之一，通过互动双方在快乐中进行，犬猫通过愉悦最大限度地激发机体的潜能，达到保健和辅助治疗疾病的目的。

五、按摩案例

医案 1

胃肠受寒（图 5-17a，图 5-17b）

【品种】北京犬　性别：母　年龄：8 岁

【病史】近来发现排便困难，曾在本院直肠检查，诊断为直肠憩室，犬主人希望再复诊一次。

【检查】为进一步确诊，先用开塞路灌肠，将直肠内粪便完全排出后，工作人员用凉水配制钡餐 15mL 直肠灌注，随即进行 X 线影像学检查，确诊直肠末端有一直径 2cm 大小的憩室。

图 5-17a　治疗前　　　　　　　　　　　　　　　图 5-17b　治疗后痊愈

主人回家后，犬表现站立不安，不时嚎叫，腹部胀气，腹壁高度紧张，随即急诊，给予消炎止痛药，数小时后，症状仍不见好转，转入按摩。

【治疗】按摩疗法

用摩法、揉法按摩腹区直至发热；20min 后患犬出现昂头，随即不断嗳气，腹部逐渐柔软，腹胀消失，随即进入安静状态，以后一切正常。

【案语】在诊断中，工作人员用凉水配制钡餐灌肠，又值寒冬季节，胃肠受冷刺激后引起胃肠功能紊乱，故出现腹胀、腹痛。在按摩治疗中采用了摩法、揉法。传统医学认为寒邪凝聚于胃肠，腑气不通，不通则痛，在治疗上应采用"寒者热之"的治疗原则，在患病部位用摩法生热、揉法聚热的按摩手法，起到温里散寒的作用，使寒邪散，腑气通，通则不痛，故按摩治疗奏效。

医案 2

消化功能紊乱

【品种】吉娃娃犬　性别：公　年龄：5 月龄

【病史】该犬从别人家抱养已月余，吃食极少，有时吃一口就不吃了，非常挑食，为此主人不得不将食物送到嘴里，以营养膏为主食，大小便均正常。体重约 0.5kg。

【检查】体温37.4℃。营养下等，似骷髅状，精神尚好，较活泼，感觉敏锐，触诊腹部空虚柔软，临床常规检查无明显异常（因该犬极瘦，主人不接受做生化等血液检查）。

【治疗】

①口服酶制剂。

②提拿脊背区，每天 2 次，每次 5min。

按摩腹区并点按中脘穴，每天 3 次，每次各 1min。

按揉后三里穴，每天 3 次，每次 1min。

按摩手法轻柔徐缓，以患犬能耐受为度。3 个月后，主人来院告知，患犬症状好转，吃食基本正常。

【案语】该犬以厌食为主要症状，二便正常，仍属消化功能紊乱范畴。其病因是主人对其过于宠爱、娇纵，调养失当，日久可导致脾胃气滞、气虚，使之饥而不食，久之肌肤不充而消瘦。在按摩上捏拿脊背以通补五脏，点按中脘，后三里穴以理气，疏通中焦气机，配合消化酶制剂，二者结合使患犬痊愈。

医案 3

颈部肌群受损（图 5-18）

【品种】麦町犬　性别：公　年龄：2.6 岁

【病史】活泼好动，跳上跳下，从桌子上跳到凳子上，因凳子不平稳，头颈部重重地摔倒在地上，脖子歪向一侧，已2周余。

【检查】患犬头向左侧歪斜，走路、跑步均不能改变头部角度，触压左部锁颈肌起点，即耳根后缘时发出惨叫。

【治疗】

①痛点外分三点肌肉注射（反阿是穴注射）消炎止痛药；

②慢推左侧颈部两侧肌肉，从耳根后推至肩胛处，每天2次，每次5min，2周后追访，已痊愈。

【案语】本症定位为颈部肌群受损，初步确诊颈部浅层肌肉之锁颈肌受损，此肌肉为臂头肌的一个分支，锁颈肌起自头后颈部、止于臂头肌的锁骨腱划，该犬患部肌肉强硬、痉挛、拒按，在治疗上首选消炎止痛药，辅以慢推手法，按摩可利用肌肉的触变性，使肌张力降低，僵硬的肌肉得以松弛，中医有"松而不痛"的说法。治疗时在痛点（阿是穴）注射，往往犬猫极力抵触，所以在非痛点的肌肉腹部选择1~2点注射（反阿是穴注射），其疗效不减，免去犬猫之痛苦。

医案 4

图 5-18　患病犬颈向左侧歪斜

面神经麻痹症

【品种】柯卡犬（图 5-19a）　性别：公　年龄：6 岁

【品种】混血京巴犬（图 5-19b）　性别：母　年龄：4 岁

【病史】均由外力引起。

【检查】两只患犬均表现右嘴唇尤其下唇肌肉松弛下垂，与上唇不能闭合，嘴角前移，不能露出臼齿，右下眼睑下垂，不断流出眼泪。混血犬还出现第三眼睑不能回收。针刺患部敏感性很差，其他检查未见异常。

【治疗】

二犬均因路途远，主人在家进行按摩，用点按法。

（1）点按下面穴位：上关、下关、印堂、锁口、承浆、风池，每天 2~3 次，每次5~10min。

（2）维生素 B_1、维生素 B_{12} 注射液，面部上述穴位分点注射或口服维生素 B 族，直至症状消失。

【治疗】3 个月后，两只患犬分别康复。

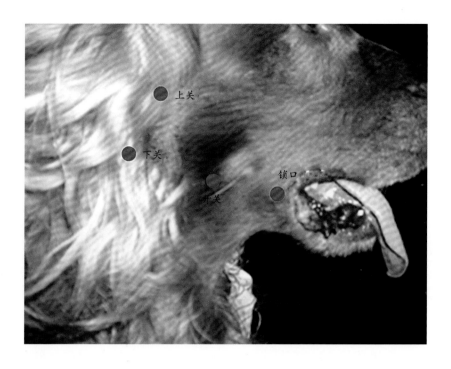

治疗中（点穴）

3个月后痊愈

图 5-19a 柯卡犬

治疗前　　　　　　　　　　　　　　治疗后

图 5-19b　混血京叭犬

【案语】

（1）面神经麻痹症急性期应消炎、消肿改善局部血液循环，以减轻对面神经的压力。

（2）面神经起自延脑神经结，出自茎乳突；穿到腮腺前缘分支而支配耳背肌肉、颧肌、上颊肌、下颊肌、口轮匝肌、眼肌及鼻孔肌肉，其症状依面神经在面部受损部位、受损轻重程度不同而症状不同。

（3）治疗的穴位集中在面部，因犬的面部脂肪少、肌肉不发达，故多以点按穴位为佳，同时给予神经营养制剂。

疗效与受损程度及就诊时间是否及时也有关系。

医案 5

一例犬应激症的治疗

【品种】北京犬　性别：母　年龄：5 岁

【病史】该犬性格内向、胆小，从不和其他犬接触。一次在街上看到两只大狗打架，当即表现很害怕，主人立即带回家中，回家后，24h 不吃不喝，并在屋内盲目不停地走动（图 5-20a 至图 5-20c）。

【检查】体温、呼吸均正常，心音弱且快，每分钟 160 次，体质较差，两眼暗淡无神。在诊断台上检查时，该犬突然跳到地上，不停地走动，不知道主人呼叫自己的名字，但知道躲避障碍物。

图 5-20a　治疗前

图 5–20b　治疗前

图 5-20c　治疗一年后再相见

【治疗】镇惊安神为治疗原则

（1）点按印堂、天门、大椎、身柱、百会、行间、足窍阴等穴。

（2）按摩背部，即位于髂肋肌沟中五脏在背部的刺激点（心俞、肝俞、胆俞、肾俞等穴），按摩共用 25min。

（3）维生素 B_1 注射液 100mg，维生素 B_2 注射液 0.5mg，皮下注射。

【疗效】第 3 天主人来电话告知，该犬回家后就入睡，24h 未醒，醒后一切恢复常态。一年后，来院进行每年一次防疫注射时，见到此犬体质较健壮，精神状态良好，体型较前偏胖。主人说在这两年中曾复发两次，但每次十几分钟便恢复正常。

【案语】

（1）患犬是由应激引起的短暂性精神反应状态，没遇到导致恐惧的事而恐惧，表现为睡眠障碍，无食欲，不知疲劳地走动。

（2）传统医学认为该症与五脏中的心、肝有关：心的功能之一是"心藏神"，"心主神智"，

"神"指精神活动,即机体对外界事物的客观反映。心藏神之意就是心是一切精神活动的主宰,当神明紊乱时则出现精神活动失常,故选取了按摩印堂、天门穴,取其镇惊安神之功效。

（3）在五脏中肝主疏泄,即肝有疏通、开泄之功,正常时气机舒畅条达,当肝气抑郁时则气机不畅,出现精神活动异常,故选取了足厥阴肝经中的行间穴。由于肝、胆在生理及病理上关系密切,又选取了足少阳胆经中的足窍阴穴。治疗中按摩天门、身柱、百会诸穴,从上至下导病气下行以加强镇惊安神疗效,多穴配合按摩,使患犬安睡24h,异常行为停止,睡眠是心理和生理的调整。

④应激可引起机体非特异的神经内分泌反应,这与脑内海马、下丘脑分泌的介质有关;罗和春学者报道:动物实验电针印堂、百会可使大鼠脑内5-羟色氨酸含量增加;李晓泓教授艾灸大椎穴对慢性的中、高强度应激导致中枢神经元的损害具有明显改善作用。

注:行间穴位于后肢第1、第2跖趾关节之间;足窍阴位于后肢第4趾外侧。

医案6

一个瘫痪犬主人的记实

【品种】蝴蝶犬　性别:母　年龄:7岁

我的犬叫美女,性格活泼喜动,体重6kg。那天在跳跃时突然尖叫一声,随即躺在地上不动了,于是去了医院。

医生的病案记录是:卧地不起,头不能上扬,左前肢外展并呈强直状,针刺患肢反应迟顿,后肢欲起立。血液检查;其中白细胞10.4×10^9/L,叶状中性粒细胞91%,杆状1%、单核2%、淋巴细胞6%,X线片显示,颈椎4~5狭窄。

【治疗】

给予止痛,激素等药物,3天后出现四肢强直,全身肌肉振颤,用手托住腹部站立时,两后肢交叉呈剪刀状,并以脚背着地,趾间针刺敏感,X线片显示,胸腰结合处狭窄,伴有尿轻度潴留。继续药物治疗,头部能灵活转动,但其他症状未见好转,体重降至4.5kg。我和先生工作非常繁忙,于是我将美女带回了家,在家中采用按摩和其他疗法。

（1）每天提拿脊背5min。

（2）中午1.5h太阳浴。

（3）晚上足浴20min,水温保持60℃,水浸至腕关节部位,用手在水中按摩四肢肌肉,脚垫及六缝穴。

（4）每天按摩腹部的大肠、关元、小肠、膀胱、肾俞各穴。

（5）每天口服V_{B1}100mg,V_{B12}0.1mg。

一个月后病犬能自动翻身,前肢着地,欲起立。肌张力不再过亢,但后肢痿软。3个月时运动能基本恢复正常,该犬病程3个月。

2年后医生去家中追访，看到美女健康活泼，体重7kg，很惊讶，也非常高兴（图5-21）。

图5-21　两年后追访

【案语】本病因脊髓通路受阻，导致肢体感觉异常和躯体运动障碍。药物治疗在病的初期起到一定的治疗作用，按摩治疗使该病治愈。太阳浴及热水浸泡四肢达到改善局部及全身血液循环的效果，热效应、全身穴区穴位的按摩、神经营养药的应用三者共同起到神经康复的作用。

医案7

一个老龄猫的保健

【品种】狸花猫　性别：公　体重：4.5kg　猫的主人为作者本人（5-22a）

图5-22a　和主人对话（1996年）

该猫 6 个月时施行绝育术，平日以猫粮为主食（图 5-22b）。8 岁以后坚持梳理按摩及其他保健按摩（图 5-22c）。

图 5-22b　幼年时活泼可爱

图 5-22c　正在进行梳理按摩

（1）按摩部位：按摩头区、推两耳、提拿脊背区、搓肾区。

（2）按摩时间：每周2~3次，每次20~30min。

按摩随着季节不同，增减按摩时间和酌情选择部位。

春季万物苏醒，阳气上升，梳理可帮助脱去冬季绒毛，手法上力度要大；秋冬是被毛生长季节，可不用梳理按摩法，改为徒手按摩，即用十指指面梳理；冬季注意搓肾区，以益肾固精；并加强对头区及两耳的按摩，以健脑益智、延缓脑老化。

猫19岁时，清除牙石一次，并进行血液生化检查，肾功检查；尿素氮8.4mmol/L、肌酐218μmol/L。（正常值尿素氮5.4~13.6mmol/L，肌酐62~190μmol/L。）

该猫虽年老，但仍神智清醒，步履矫健。22岁以后逐渐表现出肾病的其他症状，如经常呕吐，口中有尿素味，体况不如以前，死亡前二个月体检结果：尿素氮74mmol/L、肌酐1015μmol/L。血磷、淀粉酶升高并伴有严重贫血。触诊肾脏萎缩、质如硬石。"肾为先天之本"，此时肾脉枯涸，已到天年（图5-22d）。

图5-22d 24岁死亡前留影

巴迪和咪咪的故事 （图 5-23a）

【品种】博美犬（巴迪）　　性别：公　　体重：2.5kg

【品种】三花猫（咪咪）　　性别：母（绝育）　　体重：4.6kg

图 5-23a　巴迪和咪咪

巴迪和咪咪同在一个家庭生活，主人对它们倍加呵护，它们跟随主人一起旅游，在中国大地上驰骋东南西北，历经 6 年时间，行程 7 万公里（图 5-23b）。使巴迪在患气管塌陷并伴左心室肥大情况下又愉快生活了 6 年，15 岁随主人登上珠穆朗玛峰大本营，成为能登上高海拔地区的博美犬。16 岁去逝。

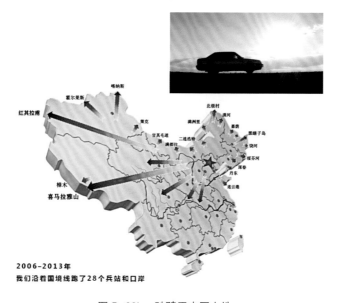

图 5-23b　驰骋于中国大地

　　咪咪在 10 岁时检查出肾脏有问题，在主人精心照料下，成为登上珠峰大本营第一猫，健康生活至今已 18 岁，它们的故事在网上流传着……

　　巴迪在 9 岁时主人发现它经常干咳，激动或快跑时尤甚，于是来动物医院就诊，经检查定性为气管塌陷并伴有左心室肥大，并给予对症治疗（图 5-23c）。

　　气管塌陷是指气管的环状软骨变平，导致气管直径变窄就像压扁的烟筒一样，呼气或吸气不顺畅，这是博美犬的高发遗传病，由于动物医院条件有限，未能做最佳治疗。于是主人决定带着它们走出城市，到大自然中去享受旅游生活（图 5-23d），它们到了沙漠、高山、原始森林，巴迪和咪咪身体逐渐健壮起来，巴迪很少咳嗽了。休息时主人给巴迪做全身按摩，尤其是两前肢至胸部，自上而下、自下而上地压按。

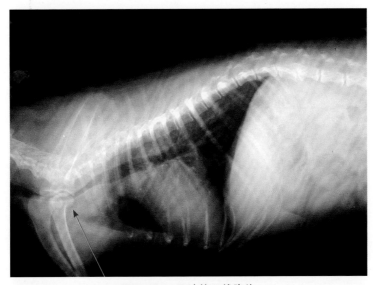

图 5-23c　巴迪的 X 线胸片

在内蒙巴丹吉利沙漠

在新疆火焰山下

图 5-23d　巴迪和咪咪

依据中医的经络学说，循行前肢的经脉包括六条经脉，即心经、心包经、肺经、大肠经、三焦经、小肠经；这和现代的抗阻力训练是同一道理，其目的是提高心肺的功能，以补偿气管塌陷带来的缺氧状态，就这样带病愉快地生活着……最终登上了海拔 5300m、缺氧 40% 的唐古拉山，并到了珠穆朗玛峰下（图 5-23e）。

在可可西里藏羚羊保护站

全家登上珠穆朗玛峰大本营

图 5-23e

巴迪以顺应自然的方式，它每天能熟睡 10h 以上，（图 5-23f）渡过了极度缺氧的环境，创造了犬在海拔缺氧又罹患气管塌陷仍能生活数天的奇迹，并平安回到家。

图 5-23f　巴迪度过缺氧的环境

《黄帝内经》（图 5-23g）这部医学古籍告诫我们，人们应该顺应自然的力量，培补元气，从而战胜疾病。睡觉是养育生命、培补元气的一种方式。

图 5-23g

巴迪和咪咪的主人，经常学习有关喂养犬猫的知识，他们知道 30% 以上的猫可能患肾病，咪咪除了和巴迪一起旅游（图 5-23h），还需接受一般药物的治疗、每天早晨醒来享受主人的按摩等，有时还进行长达 1~2 个月的温泉浴（图 5-23i），现已 18 岁了，肾指标已完全恢复正常。

图 5-23h　咪咪在北极村

巴迪在戈壁滩上

图 5-23i　温泉浴

【案语】

（1）巴迪和咪咪的故事给我们启示：积极的应激反应，即适度、愉悦的兴奋能给生命以力量，可提高动物的耐受力和对多变环境的适应能力，从而提高它们的生存质量。

（2）美国动物学家 W.Lee Bartarux 等提出了预防性健康护理的理念：他们发现宠物主人不认为自己的宠物存在明显的潜在疾病，当潜在疾病迅速恶化且对治疗反应不良时才意识到。在门诊常听到宠物主人这样说："呀！真不知道平日还要做体检！"

（3）预防性健康护理和中医"治未病"的理念是一致的，《素问·四时调神大论》就有"是故圣人不治已病，治未病；不治已乱，治未乱。夫病已成而后药之，乱已成而后治之，譬犹渴而穿井，斗而铸锥，不亦晚呼！"的记载。"治未病"这一指导思想在延长患病犬猫的寿命及提高它们的生存质量是很重要的，延长大自然给予的生命极限，让宠物主人和它们更多时间地一起享受快乐时光吧！

章节 06 中药治疗犬猫病医案四则

Four Cases of Dog and Cat Treated with Chinese Herbs

一、概说

中国医药学是一个伟大的宝库，在远古时代曾有"尝百草一日而遇七十毒的记载"。古人在实践中发现了植物的根、茎、叶、花、果实及树皮有能治病的特殊作用，于是将这些植物称之为本草，古籍中有《神农本草经》、《本草经集注》、《本草拾遗》等中药书籍，其中1593年版本的《本草纲目》入选在《世界记忆名录》中。

历经千年，药物知识日渐丰富，现今这些药用植物（包括矿物、虫、兽等）依照国家制定的标准法规，加工炮制成为各种中药饮片。

病有寒、热、虚、实之分，中药也有寒、热、温、凉之性，酸、甘、苦、辛、咸之味，犬猫常用的中药据统计约有150味。单独一味中药或多味药以主药、辅药、佐药、使药之形式和谐配方，组成方剂用来防治各种疾病，成为理法方药的重要组成部分，是中兽医辨证论治的体现。

二、医案四则

以下介绍医者用传统中药汤剂治疗犬猫医案四则，用以阐明中兽医对疾病发病机理、立法、治疗原则及用药的辨证论治思想。

医案 1

幼犬肺炎

【品种】拉巴拉多犬（图 6-1a）

性别：公　年龄：3 个月　体重：7kg

【主症】体温 39.4℃，眼结膜充血、鼻干、鼻孔有少量浆液黏液性分泌物。呼吸喘促，肺部听诊明显湿性啰音，口渴喜饮，食欲差，主诉该犬已免疫，曾用抗生素治疗，X 线胸片：整体肺叶密度升高，心胸三角区及心膈三角区可见云絮状渗出及空气支气管征、椎膈三角区呈间质型变化（图 6-1b）。参见就诊前一周的血像记

图 6-1a

录（表6-1），主人要求中药治疗。

正常犬胸片

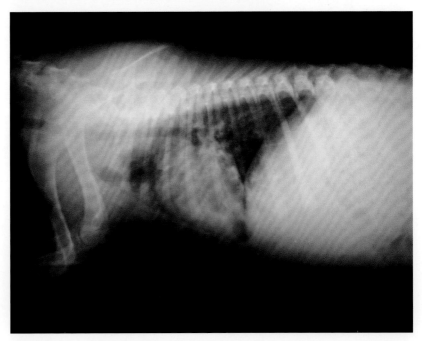

患犬胸片

图6-1b　患犬X线胸片

表 6-1 就诊前一周的血像记录

	第1天	第3天	第4天	第6天	参考值
血细胞 （WBC）	24.0	42.3	45.0	41.3	（6.00~ 17.00）×10⁹/L
叶状中性粒细胞 （Seg neatr）	57	69	84	83	60%~77%
杆状中性粒细胞 （Band neatr）	22	5	3	5	0~3%

【证候】肺热咳喘。

【治则】清肺热、止咳平喘。

【处方】知母 5g、川贝母 5g、款冬花 3g、桑白皮 5g、牡丹皮 2g、地骨皮 2g、陈皮 2g、枳壳 3g、炙甘草 3g。

【服法】1. 中药：总量为 30g，煎汤 30mL，每天分 2 次口服，连服 2 剂、

2. 克林霉素每日 0.3g 皮下注射，连用 2 天。

【组方原则】

主药：知母、川贝母、款花——清肺热，化痰止咳。

辅药：牡丹皮、地骨皮——清热凉血。

佐药：陈皮、枳壳——宽中下气。

使药：炙甘草——补益脾胃，缓和诸药。

【疗效】四天后主人来电，告之体温正常，已不喘，每天咳痰多，有少量鼻涕，继续口服市售化痰止咳口服液而痊愈。

【案语】本病属热证，依"热者清之"而立法。幼犬为稚阴稚阳之体，发育未成，肺主气，司呼吸，肺为娇脏不耐寒热，故幼犬易感受外邪之侵袭。该犬已病多日，病邪不解，继续传里，热邪壅肺而发热；热邪灼伤肺津而成痰；痰和热郁闭于内，肺失肃降而喘。

病犬幼小，不宜多用苦寒之剂，中医有"苦寒败胃"之说，用药以清润为主。方中仅选知母一味泻肺热；热结血脉用牡丹皮（牡丹之根皮）与地骨皮（枸杞之根皮）配伍而降温，陈皮、枳壳二药助降肺气又有开胃进食之功，本案以中药为主，抗生素为辅治之而告痊愈。

医案 2

犬慢性支气管炎，伴轻度支气管扩张

【品种】哈士奇犬（图 6-2a） 性别：母 年龄：2 岁 体重：18kg

【病史】病已一年，先后用过 7 种抗生素，症状未见改善。

【主症】体温 38℃，频频干咳、咳痰呈白色，有时带血或痰成淡粉红色。昼轻夜重，稍快跑时症状加重，口色淡白，被毛焦枯。X 线胸片可见支气管型、间质型（图 6-2b）。血检记录：白细胞（6.0~19.0）×10^9/L，叶状中性粒细胞 50%~87%。

【证候】肺阴虚咳喘。

图 6-2a　患病中

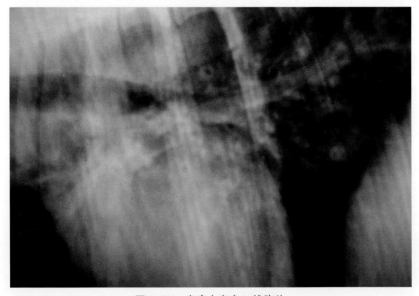

图 6-2b　患病中患犬 X 线胸片

【治则】滋养肺阴、化痰止咳。

【处方】百合 15g、沙参 10g、川贝 5g、麦冬 5g、冬花 10g、紫苑 10g、枸杞 10g、太子参 5g、陈皮 5g、神曲 5g。

【服法】总量 80g，煎汤 80mL 分 3~4 天口服。

【组方原则】

主药：百合——清肺润燥而止咳。

辅药：川贝、麦冬、沙参——清肺热，养肺阴，化痰止咳。

佐药：紫苑、冬花——化痰止咳。

枸杞：太子参——养阴补血。

使药：陈皮、神曲——健脾开胃消食。

【疗效】连续治疗 3 周后，开始饲喂固本免疫处方粮 20 天，精神、咳嗽明显好转，体重增至 21kg，处于稳定阶段（图 6-2c）。

【案语】患犬为"虚证"，治疗以"虚则补之"而立法，此病为"肺阴虚证"。其病日久未愈，临床表现形衰气短，为慢性过程。病之标为频频干咳，此非为肺实热之象，应以滋补润燥为主，选用补益药中的滋阴药百合为主药，以清肺润燥而止咳；方中太子参为清补之品，既能补气又可养阴；方中陈皮、神曲依据"补土生金"相生之说，使食欲增、脾胃旺盛，血有生源之本以增强体质。本病忌用味辛、性热之中药，中医有"辛热伤津"一说，会使病情加重。

图 6-2c　治疗后好转

医案 3

猫肝脏代谢病（脂肪肝）

【品种】普通猫（图 6-3a）性别：母　年龄：5 岁　体重：2.1kg

【病史】平日体弱，一周前洗过冷水澡

【主症】体温 36.7℃，目黄、身黄、尿黄伴有呕吐、不食、便稀、消瘦，曾输液治疗 6 天。B 超显示：肝脏回声弥漫型增强，肝脏体积增大。

【证候】肝胆湿热。

【治则】清湿热，利胆退黄，

图 6-3a　脂肪肝初诊

降胃气止呕。

【处方 I 】茵陈 10g、郁金 1g、丹参 2g、陈皮 2g、麦芽 2g、姜半夏 2g、石菖蒲 2g、白豆蔻 2g、佩兰 2g、神曲 2g。

【服法】中药总量 27g，煎汤约 30mL，每天每千克体重 1mL 灌服，连服 5 天。

【组方原则】

主药：茵陈——清热利湿，主黄疸而利水。

辅药：郁金、丹参——利胆退黄、疏肝解郁。

佐药：白豆蔻、佩兰、石菖蒲——芳香化湿。

陈皮、半夏——降胃气、止呕。

使药：神曲、麦芽——健脾和中。

【疗效】服药 5 天后精神好转，知道迎接来人，大便已不稀（图 6-3b）。

图 6-3b 治疗后痊愈

【治则】利胆退黄，补脾益肝。

【处方 II 】茵陈 4g、郁金 2g、丹参 2g、陈皮 2g、姜半夏 2g、党参 2g、黄芪 2g、五味子 2g、佩兰 2g、香附 2g、神曲 2g、麦芽 2g、枸杞 2g、山药 2g。

【服法】中药总量 30g，煎汤 30mL，每天每千克体重 0.5mL，一天 3 次，胃管投服。

【组方原则】

主药：茵陈——清热利湿，补肝益肾。

辅药：郁金、丹参、香附——利胆退黄　舒肝解郁。

佐药：党参、黄芪、五味子、枸杞、山药——补脾益肝。

使药：神曲、麦芽、陈皮、半夏、佩兰——理气消食化湿止呕。

【疗效】患猫在治疗过程中，每天配合补液和投喂肝病 a/d 罐头，以加速痊愈进程。3 周后，患猫自拔鼻饲管找猫粮吃。

附：生化检查（治疗 30 天的变化）（表 6-2）

表 6-2　脂肪肝治疗 30 天生化指标一览表

	第 1 天	第 6 天	第 30 天	参考值
丙氨酸氨基转移酶	217	↓ 119	↘ 36	1~64U/L
天门冬酰胺氨基转移酶	91	↓ 19	↗ 28	0~20U/L
碱性磷酸酶	153	↓ 66	↘ 29	2.2~37.8U/L
总胆红素	188	↓ 18	↘ 5	2~10μmol/L
直接胆红素	122.2	↓ 49.7	—	0~2μmol/L

【案语】本症初期以清为主，后期清补结合为治则。

中药治疗猫肝脏代谢病必须放置鼻饲管，便于投药和喂食。猫肝脏代谢病多因应激或肥胖引起，传统医学认为患猫体弱又感受寒湿之邪导致精神抑郁，肝气疏泄失常，湿浊郁而化热，湿热郁滞中焦，胆汁不循常道外溢而发黄，黄色主湿，此为肝胆湿热症。

该病治疗以茵陈为主药，自古以来茵陈为治黄疸之要药，"别录"中论"治通身发黄，小便不利……"，大量试验证明茵陈有保肝、利胆、抗菌等作用；丹参为活血化瘀药，人医临床证明丹参对肝片吸虫引起的肝脾肿大有很好疗效，在此予以借鉴；患此病的猫临床均有呕吐、流涎之症状，此表现为湿浊壅遏中焦（中焦位于膈和脐之间）所致，用含有挥发油的佩兰等芳香化湿药以化湿浊而止呕，在黄疸渐退后需补脾益肝以扶正祛邪。

医案 4

胃肠积食之重症

【品种】德国黑背犬　性别：母　年龄：9 岁　体重：40kg

【病史】以前食欲极好，近来已有 3 周吃食少，不排便，有时呕吐。

【主症】卧地不起，精神极度沉郁，行走艰难，呈痛苦状，触诊腹部坚硬，伴有少量气体，腹围 124cm（图 6-4a），血液化验各项指标均正常。X 线片显示，胃肠续积了大量食物和粪便。

图 6-4a 治疗前

【证候】胃肠功能紊乱之胃肠积食重症。

【治则】以按摩为主（略），辅以健脾理气、消食化积药。

【处方】陈皮 5g、姜半夏 10g、炒谷芽 10g、焦神曲 10g、炒莱菔子 10g、青皮 5g、白豆蔻 3g、连翘 3g、枳壳 5g、茯苓 5g、竹茹 3g、太子参 5g。

【服法】总量 75g，煎汤约 80mL，每 2 日 1 剂，分多次内服，中途可依据病情适当停药，令主人高兴的是患犬爱喝汤药，因此服药很顺利。

【组方原则】

主药：炒谷芽、焦神曲、炒莱菔子、连翘——消食导滞散结。

辅药：陈皮、青皮、枳壳、白豆蔻——理气，助主药消食导滞。

佐药：姜半夏、竹茹——止热呕。

使药：太子参、茯苓——补气健脾。

【案语】胃肠积食属"实证"，用消导法治之。患犬胃肠闭塞不通已多日，食物聚结在胃肠，停而不动，不仅食积还夹气滞，故需配伍理气药以加强消导功效，《素问·痹论》：有"饮食自倍，肠胃乃伤。"的记载，本症以按摩为主（图 6-4b），辅以中药，食疗等历经 45 天，腹围缩小至 92cm，（图 6-4c）食欲渐增而告痊愈。

图 6-4b　配合按摩

图 6-4c　痊愈

三、讨论

（1）犬猫疾病和免疫关系密切，中医治疗疾病，不外扶正、祛邪两大法则，从免疫角度来说，扶正就是调动机体的抗病力，提高机体的免疫功能并增强其稳定性，祛邪就是排除破坏免疫功能的一切因素。

吴崇芬等学者以破气耗气的攻下药将驴（38 头）、大白鼠（80 只）造脾虚模型（临床表现泄泻、慢草、消瘦），然后给予补益脾气的四君子汤（党参、白术、茯苓、甘草）进行复健，试验中对有关各项指标进行动态观察（图6-5）。结果：复健后免疫器官如胸腺、脾脏及肠系膜淋巴结的淋巴细胞增殖恢复正常；驴外周血淋巴细胞的E-玫瑰花形成及血清ⅠgG、唾液分泌ⅠgG、血清溶酶体酶的测定结果均高于自然恢复组，驴与大白鼠结果近似可互相验证。补气药参、术、苓、草其合方对免疫有提高功能。

刘正才学者统计40余种常用补益药，如黄芪、党参、灵芝、茯苓及菌类等均能升提降低的免疫功能，故有人称这类药物为"免疫激发型中药"。中药免疫抑制药主要有清热解毒类药物，如常用的穿心莲、鱼腥草、金银花、黄连、白花蛇舌草等；活血化瘀类药物，如丹参、红花、川芎等及祛风除湿药。

比瑞吉公司研发中心研究：在犬均衡营养日粮中添加灵芝提取物及黄芪用以扶正固本，对在病毒病康复期、术后恢复期及老、弱、幼病犬均起到很好的康复作用。

（2）关于犬猫的用药剂型，现今早已打破传统的汤剂剂型，兽医工作者遵循犬猫生理特点及对疾病认识的不断深入，犬猫用药及配方正在朝着疗效好、口感好、用量小、投药方便快捷，易被犬猫主人接受，向多元化口服及外用剂型发展，切实解决犬猫各种病患，给犬猫带来更多的福祉。

图6-5　试验驴

附：穴位的定位及主治

本文介绍犬常用、易掌握的穴位34个（附图1、附图2和附表1-6）、定位及主治病证范围。临床可根据病症，酌情选择针刺、水针、激光照射、点按等治疗方法，在治疗中应以病症为主选穴，同时进行远近、上下的配穴。

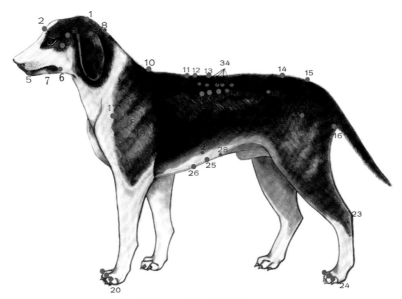

附图1　犬体表穴位图

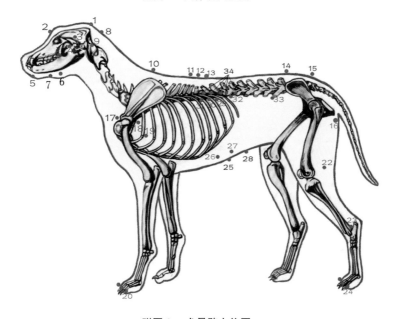

附图2　犬骨骼穴位图

1.天门　2.印堂　3.上关　4.下关　5.承浆　6.锁口　7.廉泉　8.风府　9.风池　10.大椎　11.中枢　12.脊中　13.悬枢　14.百会　15.尾根　16.后海　17.肩井　18.肩外俞　19.抢风　20.前六缝　21.环跳　22.阳陵　23.后跟　24.后六缝　25.神阙　26.中脘　27.天枢　28.关元　29.脾俞　30.胆俞　31.肝俞　32.肾俞　33.膀胱俞　34.夹脊穴

附表 1　头面部穴位有健脑、益智、安神、止痉等功效

序号	穴名	定位	主治
1	天门	头顶部枕骨嵴处	脑功能障碍
2	印堂	两眉头连线中点	
3	上关	下颌关节前颧弓上缘	外周面神经麻痹、面肌痉挛
4	下关	下颌关节前颧弓下缘	
5	承浆	下唇正中，有毛、无毛交界处	
6	锁口	口轮匝肌后方	
7	廉泉	下颌间隙正中线喉头上舌、骨下交界处	舌体分泌及运动障碍

附表 2　脊柱部位（督脉）的穴位有强腰、健脊、固肾功效

序号	穴名	定位	主治
8	风府	枕寰关节背侧正中点	颈椎病、前庭病的辅助治疗
9	风池	耳基部、寰椎翼前缘的凹陷中	
10	大椎	第7颈椎与第一胸椎棘突间	发热、咳嗽、脊椎疼痛
11	中枢	第10、11胸椎棘突间	胸椎腰椎疾患
12	脊中	第11、12胸椎棘突间	
13	悬枢	第13胸椎与第1腰椎棘突间	
14	百会	第7腰椎与第1荐椎棘突间	
15	尾根	最后荐椎与第1尾椎棘突间	尾功能障碍
16	后海	尾根与肛门之间凹陷中	消化功能紊乱之腹泻

附表 3　前肢穴位有改善和强壮前肢运动机能功效

序号	穴名	定位	主治
17	肩井	肱骨大结节上缘凹陷中	肩胛部肌肉炎症、前肢麻痹症
18	肩外俞	肱骨大结节后上缘凹陷中	
19	抢风	臂头肌长头与臂头肌外头之间凹陷中	
20	前六缝	前肢掌指间，每足三穴	

附表4　后肢穴位有改善和强壮后肢运动机能功效

序号	穴名	定位	主治
21	环跳	股骨大转子前 髋关节前缘的凹陷中	
22	阳陵	腓肠肌背侧的凹陷中	后肢及腰胯无力诸症
23	后跟	跟结节前方的皮下组织	
24	后六缝	后肢跖趾关节水平线上，每足三穴	

附表5　腹部穴位有调理胃肠功能功效

序号	穴名	定位	主治
25	神阙	肚脐	
26	中脘	胸骨后缘与神阙穴连线的中点	
27	天枢	神阙穴旁开1.5~3cm处	胃肠功能紊乱之病症
28	关元	神阙穴与耻骨联合连线的中点	

附表6　脊柱旁穴位有激发和调整脏腑机能功效

序号	穴名	定位	主治
29	脾俞	倒数第2肋间髂肋肌沟中	
30	胆俞	倒数第3肋间髂肋肌沟中	消化功能紊乱之 辅助治疗
31	肝俞	倒数第4肋间髂肋肌沟中	
32	肾俞	第2腰椎横突末端相对的 髂肋沟中	
33	膀胱俞	第7腰椎横突末端相对的 髂肋沟中	机能性之尿潴留
34	夹脊穴	第10胸椎至第7腰椎各棘突下旁开1.5~3cm处	根据附近病位的压痛点选 择邻近夹脊穴

尊敬的读者，感谢您阅览此书。
让我们携手，为中兽医学的传承和发展
共同努力！